How to make a small garden

How to make a small garden

任何空間都適用的創意點子！

親手打造
私宅小庭園

How to make a small garden

CONTENTS

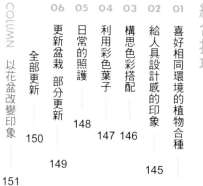
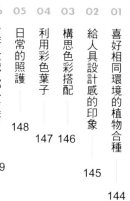

CHAPTER 1

打造庭園的第一步
就從庭園計畫開始

打造庭園,要從哪裡開始?
該怎樣構思才好呢……
是第一次打造庭園時,必然會有的煩惱。
首先,要徹底瞭解自家庭園的環境和性質,
再試著勾勒心中理想的庭園吧!

05 *Planting space facing the road*

10
Terrace & Roof

07
Main garden

02
Narrow aisle

01 *Back side of the house*

10種適合打造 庭園的空間

我家的庭園 屬於哪一種？

先觀察一下，住家的建地中，哪個地方可以打造庭園？或許「這樣的地方實在不太OK……」的場所，卻意外成為適合打造庭園的空間。

04 Entrance approach

08 Fence

03
Parking space

06
Small planting
space

09 Shade

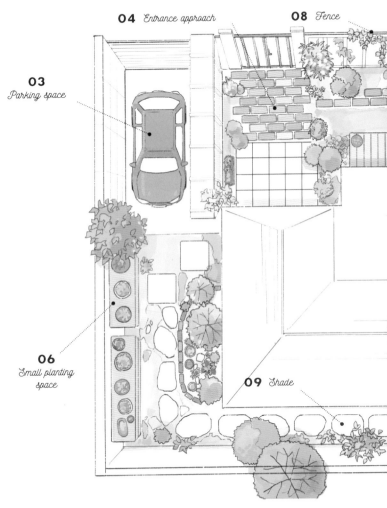

7

不必顧慮人們的視線
令人安心的空間

因為緊臨著鄰居的住家後側，不得不以圍籬遮擋視線，而變成幽暗的空間。若要將它打造成稍明亮的空間，則可使用明亮顏色的圍籬，並栽種蔓性植物，讓其攀爬在圍籬、住家牆壁、窗框、拱門等。利用空間的上半部，不但讓植物的葉子和花朵容易接收到陽光，還能成為遮蔽視線的光罩，令人自在又安心。試著在這裡，除去讓人不快的雜草，以自己喜歡的生活雜貨作裝飾，打造隱密的庭園空間吧！即便無法保證成為真正庭園的模樣，但只要發揮創意，就能孕育出足以匹敵主要庭園的療癒空間。

陽光在蔓生的玫瑰葉片之間灑落

⌂ 高橋宅

將兩手展開也足以通過的空間，規畫成玫瑰通道與紅磚小路。

SPACE
01

易變成垃圾場的
住家後院

眼睛看不到的地方，很容易堆放不需要的用品，變成讓人不想靠近的場所。其實，這樣的地方也有可能打造成美麗的庭園。

深度達1m40cm左右。以木板桌和休閒椅，打造悠閒放鬆的空間。

陰暗潮濕，
讓人不想靠近住家側面的
狹窄通道

只能容許一人通過的狹小通道，
通常是難得有陽光、濕氣很重的地方。
逆轉惡劣的條件，好好利用這樣的環境，
栽植喜歡的植物吧！

建築物旁種植華山礬，將小通道打造成綠色隧道，樹下則種植
喜好陰涼的花草。

🏠 飯田宅

🏠 伊藤宅

以白色拱門和放置在花台上的鮮花，使整體具立體感。彎
曲的小徑緩緩地往前至最深處。

\ 遮蓋泥土 /

在通道鋪紅磚。建築物旁也是陰涼之處，以會開
明亮白花的蕾絲花，遮蓋泥土。

依不同的位置
陽光照入的方式也各異

一般人很難想到，將圍籬與建築物之間的通道規劃成庭園。通常都是閒置著任其雜草叢生，也無意進行除草作業。但若將這裡當作庭園的一部分，就能解決這個問題。看似昏暗的位置，隨著時間改變，也會有陽光照入的時候，且通道入口旁與深處的明亮度也不一樣。好好觀察陽光照入的方式，依照不同的位置找出適合栽種的植物吧！有時還令人意外地能夠種樹。在不妨礙通行下，若頭頂上的樹葉長得茂密，進入視線的枝幹又長得挺立，就能讓整個空間看起來更寬廣。

1 　涼棚
2 　花架

SPACE
03

有效地利用寬廣的
停車空間

就算建地中有足夠蓋停車場的空地，
也容易成為單調無趣的地方。
不要全部鋪水泥，可保留一部分泥土栽種植物。
無法這麼作時，也有其它加入綠意的方法。

在鋪石的縫隙間加些變化，就能帶來不同的綠意樣貌。

1 設置涼棚，讓蔓性玫瑰攀爬其上，白柱和綠意
　給人清爽的印象。
2 沿著牆壁設置花架，讓種在花盆裡的玫瑰能依
　附支架生長，並裝飾營造氛圍的雜貨小物。
3 停車場與住家之間也可種低矮樹木。為避免刮
　傷車子，要經常作修剪。

3

爭取珍貴的
綠意空間

停一輛車大約需要 20 m² 的空間，若是建地有限，可從一開始就將停車場當作庭園的一部分來考量。如果可能，從蓋房子的階段就將停車場的綠化納入建築計畫中，並盡可能保留能栽種植物的泥土，在車輛行經的部分鋪石頭與枕木等，除此之外的地方，就以繁殖力強、不會長得太高的地被植物作綠化。依停車時間及車子進出的頻率，周圍的環境也會有所不同，若真的沒有泥土，也可以圍離將周邊圍起來，讓蔓性植物攀爬其上，或設置花架等，就能愉快地散步其間。

SPACE
04

將住家外觀妝點得格外美麗的
玄關走道

正因為是訪客第一眼接觸的地方，
所以想打造得既清爽又美麗。
若沒有地面種植的位置，也可借助花槽或花盆。

\ 綠色隧道 /

栽種在狹小空間的樹木，枝葉長得十
分茂盛，一路到玄關形成一個綠色隧
道。

🏠 飯田宅

有效地使用
方便移動的花槽

　進入玄關的部分可視為前花園，
在這裡，只需要一個小小的空間，就
能種植象徵樹。以住家的外牆為背
景，選擇會映襯出樹形的樹木。樹下
則種些容易整理的宿根草（多年生植
物）、彩葉、草類植物，而會開花、
增添華麗色彩的植物，就可以使用花
槽或花盆栽種。平常種在庭園深處，
到了賞花季節時，就可移到玄關走道
上，如此就能經常以季節的花卉來迎
接訪客。如果沒有地面種植的空間，
也可以打造花圍（詳見 P.94），或擺
放種在花槽或大型花盆的組合盆栽，
並留意高度的配置。

能與路過行人暢快聊天
與道路毗鄰的植栽空間

有效地使用有限的建地，
也可選擇不蓋高牆圍起來。
若採用朝道路開放的植栽空間，
就能與路過的人愉快地寒喧。

🏠 西尾宅

大家守望相助的庭園
在防盜上相當有利

近來，為了防止可疑人物進入，特意以高牆圍起來的住家越來越多。其實，以向外開放的植栽空間取代高牆，在防盜上更有效。四季綻放不同色彩的空間會吸引路過行人的注意，不知不覺中便能發揮守望相助的效果。越是吸引路人視線的地方，自然不會成為死角。仔細觀察一下道路與住家建地的交界處，會發現許多可栽種植物的空間。若將圍牆建造得低一點，不論從住家旁或道路旁看去，植栽都可以成為背景，而兩側綠意的重疊，也能營造出深邃感。但這種地方的土質狀態有時會不太好，因此要好好地耕地後再栽種植物。

1 可與路過的植物愛好者交流栽種植物的心得，
  並互相交換栽種的植物。
2 從外觀工程階段就作好規畫的樹穴。樹木也長
  得挺拔，成為住家的門面。
3 位於沿著小學生上下學途中的庭園，讓孩子們
  對四季的變化抱持關注。

🏠 Y宅

🏠 TM宅

能愉快照料＆管理也容易的
小型植栽空間

連花圃也稱不上的小型植栽空間，
是適合庭園新手入門最恰當的大小。
慢慢地練習管理方式、裝飾方法吧！

以枕木圍成的小型花圃，讓人愉快地觀賞小花們怒放的姿態。

在鋪石的隙縫之間作裝飾。加裝在石台上的古董琺瑯盆成為視覺的焦點。

在牆壁內側的小空地種植耐陰涼的宿根草。觀察植物葉子顏色與形狀的變化也是一種樂趣。

對庭園新手來說
最適當的空間

開始打造庭園前，先好好環顧一下住家的周邊，就可發現到處都存在著小型的零星空間。若是日照不良之處，可栽種不喜歡強烈陽光的植物。若有高度限制的地方，則可栽種不會長得太高或往橫向生長的植物。小小一叢綠意反而容易吸引人們的目光，且能維護得很漂亮。話雖如此，正因為是十分有限的範圍，所以更需要不斷地在管理和維護上反覆試驗。只要摸索出種植的規則，不但能增加想要種的植物，也能隨心所欲地在各個地方打造出這樣的空間。

1 緣廊下也是絕佳的綠化場所，可將庭園的綠意與建築物作適切的連結。
2 在植株根部的綠色絨毯，其中的小花更添表情。
3 將葉子形狀與顏色不同的耐陰植物種在一起，光是這樣，就足以引人注目（視線集中之處）。

SPACE 07

配合生活打造出想要
主要庭園

主要庭園是能發揮建造者個性的地方。
理所當然是很寬廣的場地，
因此要花費工夫，才能愉快地享受庭園的成長。

1 混雜的樹木與花的小道　📷 木村宅

2 混雜的樹木與草皮　📷 F宅

3 雜草不生的庭園　📷 高橋宅

4 花與草皮　📷 島村宅

1 能夠讓人體會像在森林間散步似的庭園。樹
　下的風拂過，令人心情舒暢。
2 享受陽光從樹葉間灑落在草皮上的樂趣。一
　旁的鋪石也是重點之一。
3 種植各種植物，且花費工夫維護，打造出雜
　草不生的庭園。
4 可在明亮草皮上觀賞花朵的庭園。草皮四周
　種滿樹木，打造出令人放鬆的空間。

每一個庭園
都要有視覺焦點

　一提到庭園，大家會想到的幾乎都是主要庭園。因此貪心地什麼都想要打造，如此一來，反而會變得雜亂無章。該如何享受庭園之樂呢？最好將家人的願望列出、統整之後，設定一個主題來建造。而且正因為空間很寬廣，因此不論什麼樣的庭園，都需要一個視覺焦點。也就是將具存在感的物件，毫無違和感地融和在庭園中。一開始可利用棚架（詳見 P. 10・P. 98）、拱門等造型構架，或以能營造氛圍的庭園桌、休閒椅等來構思，就能較容易地打造出庭園。

1 圍籬與屋簷下爬滿玫瑰，住家被包圍在綠意中。
2 盛開著花朵的鐵線蓮與微帶灰色的圍籬和建築物十分相襯。

自由發揮，玩出獨特的 圍籬&柵欄

若打造庭園的空間有限，
就利用圍籬和柵欄，享受植物呈現出
立體感的樂趣。妝點在圍籬和柵欄上的
蔓性植物也能營造出豐富感。

依能花費的工夫 選擇栽種的品種

圍籬和柵欄就像一塊面積很大的畫布，能讓種在有限地面和花槽、花盆裡的蔓性植物在廣大的空間中慢慢地延伸、攀爬。除了會開美麗花朵的玫瑰、鐵線蓮之外，也可種石月等結果植物。引導蔓性植物攀爬，需要花費許多工夫，若想省事，種植一年生的草本植物也可以。蔓性玫瑰中也有不需要花時間引導攀爬的品種，建議考量自己能耗費的時間和勞力作選擇。不論是讓植物由下往上攀爬，或從上往下垂生，都要有效地使用空間。圍籬和柵欄的內側建議栽種可以形成背景的植物，如此也能製造出深度。

絕佳的
賞花場所

3 藉由圍籬不同形式的變化，即使只栽種一種植物，也能變化出豐富的景致。
4 圍籬內側的樹木枝葉茂密，成為攀爬於圍籬上的玫瑰最佳背景。

SPACE **09**

千萬別放棄的
陰涼・半陰涼處

被稱為「剪影花園」的陰涼・
半陰涼庭園，有著優雅沉靜的氛圍
具有與向陽處不同的療癒感

🏠 S宅

上　即使是朝南的庭院，也會因太靠近鄰居而產生陰涼・半陰涼處。這時就需要種植明亮色彩的花草樹木。
下　挺拔的落葉樹，讓它在圍牆上的樹葉長得繁茂，就能觀賞到鮮嫩的綠色。

🏠 飯田宅

打造喜好陰涼及
半陰涼植物的樂園

打造庭園時，容易敬而遠之的就是陰涼的空間。以往一提到耐陰涼的植物，腦中就會浮現與潮濕、陰暗畫面有關的東瀛珊瑚、八角金盤等植物。現在則有許多與其說它們是「不論陰涼、半陰涼都能生長」，倒不如說是「非常喜歡陰涼、半陰涼」具魅力的植物。像是美麗的斑葉植物葉子，一照到強烈陽光，就會產生葉燒。所以，不妨試著打造不耐乾燥和強烈陽光的植物們喜愛的樂園。另外，即使是陰涼、半陰涼處，上午或午後也會有薄弱的日光照入。同樣的空間中，隨著不同季節和時間變化，光線照入的方式也不一樣，因此最重要的是，先好好觀察光線照入的樣子。

🏠 宅間宅

🏠 宅間宅

🏠 A宅

沒有泥土也充滿綠意的
露台·屋頂

即使完全沒有土地,借助盆栽植物
和蔓性植物的力量,也能孕育出庭園,
讓人深切感受難得的綠意。

能充分照到陽光的
明亮庭園

即使住在公寓與建地沒分到土地,也能擁有庭園。

因為總有像陽台、屋頂露台、屋頂等閒置的空間可供利用。陽台的柵欄和牆壁、圍籬一樣,是能讓蔓性植物充分吸收陽光、健康生長的好地方。另外,屋頂露台也是條件成熟的綠化空間。若能善用屋頂,就能打造出與1樓不同,明亮熱情的南方熱帶風庭園。上述的任一空間,都能充分吸收到陽光,但必須有防乾燥和強風對策。此外,要留意排水、水土保持,以免水往樓下滲漏。

1 利用牆壁和收納空間,立體地配置植物,同時也將鄰近的山當作借景。
2 在藍天之下被綠意環繞的舒適空間。攀爬在露台格狀圍籬上的木香花,花正盛開。
3 設置用來栽種樹木的花盆和花槽。到這裡為止都是園藝師完成的,接下來則需要自行在花槽中栽種植物。
4 為使排水良好,將花盆放入花架,架高盆栽。

＼ 利用花槽與花盆 ／

陽光從樹縫間灑落的雜木庭園

只要有樹木，庭園就會產生立體感。酷熱或暖和的時節，能讓人愉快地享受從茂密樹葉間灑落的陽光；寒冬時，則是葉落之後陽光普照的庭園，不必出門就能體會四季的變化。

⇥ P.20

四季皆有花開的庭園

花草類生長快，在種入的同時就已開始了很棒的庭園生活。若希望一年當中都能看到花開，則可種植不太花費工夫的宿根草和彩葉植物，維持、管理也較容易。

⇥ P.22

依照風格
來選擇植物

想要打造哪一種庭園？

一旦往打造庭園的夢想邁進，就會不斷產生「這也想要、那也想要」的期待。一邊整合這些期待值，以不太需要辛苦維持和管理為前提，一一去實現吧！

TASTE

03

銜接住家與庭園
以植物美化的露台

庭園是第二個起居間。以露台為緩衝，將建築物與
庭園順利連結在一起，露台到庭園間也可配置有助
於心情平靜的植物。

➤ P.24

TASTE

04

和樹木花草相襯的
草皮庭園

相較於泥土庭園，草皮庭園在冬天時溫暖，夏天則
涼爽，和花草樹木都十分契合。雖然需要花點工夫
照顧，但只要打造一個大小方便自行管理的庭園，
就能感受大自然的氣息。

➤ P.26

TASTE

05

想要保留些許和式風情

即便生活已經西化，有些人在打造庭園時，卻仍希
望擁有一間和室，想要保留些許和式風情。這時就
可以將代代相傳的庭園，設計成自己喜歡的樣子，
並將歷史刻劃在庭園中。

➤ P.28

樹形迎風搖曳的栓皮櫟和山茱萸，讓陽光漂亮地從樹縫間灑落。　　　　長得非常高大的日本紫莖，形成涼爽的樹蔭。

陽光從樹縫間灑落的
雜木庭園

雜木年年都會生長。
想像著1年、5年、10年後得以漫步其間的光景
來打造庭園，是極具魅力的。

🌲 挑選樹木

若只種落葉樹，到了冬天庭園會變得很寂寥，因此最好也加入一些常綠樹。樹木依種類會有不同的性質，例如：生長的速度、枝葉在上方生長或往橫向伸展等。因此，依庭園的環境和大小來作選擇是很重要的。先決定成為象徵樹的中、高樹木，再決定配置在周邊的低矮樹木。不必一次就種齊，可觀察樹木的生長狀況，再慢慢加入。

🔧 配置方法

想像著樹木生長的樣子再決定種植的位置。即使空間狹小，只要樹幹長得筆挺且上方的樹葉茂密，就算沿著小徑種植也不會妨礙通行。種植多棵樹木時，不要種在一直線上，而需要相互錯開種植，使葉子能重疊生長，打造出具深度的庭園。

美麗的雜木

新綠、盛夏的深綠，還有紅葉，雜木會因應四季帶給庭園不同的景致。其中也不乏能增添具個性色彩的樹木，也最適合當作庭園的重點裝飾。

山茱萸

5月左右會開被稱為總苞的白色大花。依品種而定，有些會在秋天時結紅色果實。

美洲楓

冒出的新芽呈現美麗的淺粉紅色火鶴狀。即使種在陰涼處，也能健康地成長，不易發生害蟲，也具耐暑性、耐寒性，是適合新手栽種的樹木。

刺槐

發芽時期的葉子是金黃色，到了夏天，葉子會變成黃綠色。一棵刺槐就能讓整個庭園變得明亮。刺槐生長快速，有必要定期強剪。

搭配雜木的樹下花草

樹下花草可使樹下的光景變得多采多姿，也具有鞏固樹根的作用。由於樹下多半是陰涼‧半陰涼的地方，因此要選擇耐陰性的植物，也要避免會長得太高的種類，並選擇葉子的形狀和色彩有豐富變化的花草。

加勒比飛蓬

與野生的春飛蓬、白頂飛蓬為同類。一開始開白花，慢慢會變成粉紅色。由於可以長得龐大茂密，所以適合當作植被植物。

金知風草

細長葉片迎風飄揚的樣子，極具風情，因此被稱為知風草。不論和式或西式庭園，都很適合栽種。

莢果蕨

捲形的嫩芽，是眾所皆知的野菜。長大的葉片，顏色和形狀都很美麗，很適合當作庭園的重點裝飾。

聖誕玫瑰

會開略往下低垂的花、且花期很長的聖誕玫瑰，是寂寥的冬天到春天之間庭園的救星。它不同於一般給人柔弱的印象，其實是強健、容易栽培的花。

小葉髓菜

高1m左右的低矮樹木，有著像刷子般的長形花穗。修剪容易，秋天的紅葉也很美麗，是能映襯庭園景致的珍貴植物。

玉簪

也稱為白萼、白鶴仙，葉子有各式各樣的大小、形狀、模樣。喜歡半陰涼處，若過度曬太陽，葉子就會焦黃、枯萎。

玉竹

從傾斜伸展的莖會長出花梗，並開出1至2朵向下垂墜的白花。也可觀賞美麗的橢圓形葉片。

四季皆有花開的庭園

栽種在花盆和地上的花一樣，像是花從花盆中滿溢出來的感覺。

🏠 Green Cottage Garden

🌱 作出高低差

若只在低矮的花圃種植花草，庭園就會變得沒有立體感。以花為主的庭園，不可或缺的就是視覺的焦點，尤其是庭園的中央特別容易顯得單調，因此要先設定好視覺的焦點再進行栽種。即使只設置一個具高度的花盆，就會產生立體感，讓庭園的樣貌變得魅力十足。若要避免只是將植物種入花盆裡，也可以利用其它的家具和物件作搭配。

小徑上設置植栽島，其中也配置具高度的物件。

米迦勒雛菊

瑪格麗特·龍面花

風鈴孔雀草

麥瓶草

三色菫

花心思不讓庭園變得平面是很重要的。
需要平衡地栽種每年需要重新種植的一年生植物，
及每年都會開花的宿根草。

圍籬的直線與花圃的曲線搭配得恰到好處，帶來安定感。

🏠 Green Cottage

🔧 在圍籬和柵欄下設置花圃

不論只設置圍籬和柵欄，或只有花圃，都是不夠
的。唯有將兩者一體化，才能瞬間改變環境的氛
圍。圍籬和柵欄下經常被認為是畸零空間，但其實
設置了圍籬和柵欄，才會讓人留意腳下空間，而花
圃也才會產生背景，吸引人注意花圃上方的空間。
所以兩者能產生豐富的相乘效果，有著相當重要的
存在價值。

花圃、小徑上使用常見的自然石作出曲線邊緣，如
此就能好好地區隔出花圃與小徑。

🏠 五味宅

紫苑

三色菫

鞠翠花‧紅寶石色

肥皂草

▶ 當作休憩場所

露台是能感受風的吹拂、愉快度過時光的場所。若被綠意包圍，吹來的風想必更加令人心情愉悅。露台的用途很多，例如：打造成和家人一起用餐或一個人悠閒放鬆的空間等。另外，露台也會兼作曬衣場等生活用途的場所，所以要確實區分出不同的使用目的。釐清目的之後，再思考植物該如何配置。

▲ 作為房屋的一部分

若使房屋與露台的高度一致，就能直接從房屋走到露台，更增添一體感。即使待在室內，只要打開窗戶，就有外出的感覺。眺望著從房間伸手可及的植物，或許就會想要照顧它們，而自然地開始活動身體。屬於房屋一部分的植物，也成為生活的一部分，生活與植物變得更加親近，肌膚也就能直接感受到季節的變化。

銜接住家與庭園
以植物美化
的露台

若是狹小的庭園，露台的存在就顯得更加重要。
越立體地利用空間，越能增加綠化的分量，
而成為值得花工夫的地方。

🏠 飯田宅

🏠 Q宅

在氣候宜人的季節裡，讓人想在這露台上享用三餐。

圍籬內側種滿雜木、蔓性植物爬滿涼棚，令人彷彿置身森林般。

🌳 雜草不生的優雅空間

不論是木製或貼磁磚的露台，都可以成為不生雜草的快適空間。花槽、花盆、吊籃裡的花草，簡單就能替換，不必擔心除草的麻煩，因此可輕鬆地選擇具季節性或喜歡的花草。而且隨著周邊植物的更迭，或許連想吃的東西、想作的事情也會跟著改變。

🏠 Garden Shed

涼爽的季節，統一擺放白色和藍色系花草。木板平台下種植綠葉植物，以便遮掩縫隙。

只要推開起居間的落地窗，就是戶外的木板平台。

🏠 金井宅

🌲 庭園與住家・居住者息息相關

除了在庭園享受戶外休閒的樂趣之外，也能從家中觀賞戶外的景致。在如此雙向的觀察中，應該就能找出「想在哪裡種植什麼樣植物」的想法。同時，不可思議地會逐漸達成住家與庭園的調和。「庭園即居住者」，庭園甚至會隨著居住者逐漸變化，而變得像居住者的個性。

TASTE
04

和樹木花草相襯的
草皮庭園

許多人都嚮往著,「能喚起兒時在草原上打滾、玩遊戲」記憶的草皮庭園。建議打造一個不論是和雜木、花草都很相襯的小型庭園。

🏠 金井宅

被植物圍繞著,令人感到心平氣和的庭園。在這裡,可以慢慢構想今後庭園的樣貌。

🏠 T宅

以磚塊建造花圃的邊緣。磚塊砌成的曲線,賦予庭園不同的表情。

🏠 野中花園

草皮空間的建築物旁,以小徑銜接出入口,為草皮的邊緣帶來變化。

✏ 不論寬廣或狹小都有可能實現

草皮的顏色是非常明亮的綠色,即使是狹小的庭園也像被施了魔法般,看起來明亮又寬敞。草皮上的空間,感覺上會比實際的寬廣,且與任何植物都非常契合。不論與英式花園或純和風庭園都適合,在在證明草皮的包容力。若覺得整理起來好像很麻煩,可先嘗試在小小的空間裡貼草皮,感受一下它的好處。

🌲 以樹木和花草圍繞著的祕境

以植物圍繞著草皮的周邊，那裡就會形成一個祕境。若是狹小的草皮空間，就更增加了這種神祕感。陽光反射在亮綠色的草皮上，為圍籬內側的植物帶來光線。而在一片綠意中開出鮮豔的花朵，更是令人驚豔，並陶醉其中。在這裡，可以體會到追逐逃入樹叢中的小蟲蹤跡、找回記憶中兒時的情境。

樹木的深綠與草皮明亮的綠色形成對比，鮮豔的花朵是最佳的跳色。

☆ 島村宅

雖然緊臨著鄰居住宅，但似乎只有這裡流動著悠閒的時光。

☆ 島村宅

🌿 住宅的街道變成另一個世界

即使是在住宅密集的地區，也能漂亮地呈現草皮與植物交織的空氣感。置身其中，立即就能將一旁單調的住宅區遺忘。只要試著利用草皮腹地的深度、改變種在一旁的植物，就能將草皮打造成和以往不同的另一個世界。這其中隱含著許多一點一滴改變周遭風景的樂趣。

一片綠意中以銅色葉片（像銅般的紅葉）的植物作重點綴飾。

🖌 依圍籬和植物的選擇而定

和式氛圍的拿捏，會因圍籬和所選的植物而有所改變。竹籬、松木等就是取決氛圍的關鍵素材。另外，在承襲父母那一代留下來的純和風庭園時，只要不將帶有和風情懷的物件全部撤除，稍加調整其顯露出的分量，庭園的氛圍就會有所改變。

想要保留些許
和式風情

只要具備和式小物或和風植物其中一樣，
就能打造出和式風情。就算不擅長
道地的和風庭園，藉由些許的真，
還是能完成幽靜的庭園。

體現和洋折衷，讓人領悟到沒必要區別和式和西式的情境。

種植楓樹就能稍加提高和風的比例。

🖌 在石頭與植物的組合與配置上下工夫

將日式石燈與南法獨有的水龍頭置於同一空間，絲毫沒有違和感，這是因為植物與石頭發揮連結的作用。若單看植物或石頭，會覺得兩者是個別存在於現今的日本和南法的物件，看似不起眼的力量，卻巧妙地讓整個庭園風景取得了平衡。不論和式或西式，都能作到和洋折衷的境界。

🍃 融入雜木中的和式風情

令人想起原始山林的雜木庭園，也可以適度地融入和式風情。在庭園中放置象徵和式的石燈，以這樣的形式珍貴地保存能思念起父母的物件，讓下一代也能傳承下去。如此一來，即使是對純和風庭園覺得有違和感的人，也會在仿效山林風情的庭園中感受到鄉愁，並在其中愉快地度過。

CHAPTER 2

即使只有1坪也不放棄
小型庭園的綠化創意

即使只有小小的空間，
也能享受打造庭園的樂趣。
本章以園藝師「風（Fuwari）」的楠經手的實例為基礎，
讓大家見識一下如何將不起眼的庭園化腐朽為神奇。
實際感受即使是小型庭園也具有各種可能性。

給第一次打造庭園的新手
5個建議

向園藝師「風（Fuwari）」的楠 耕慈諮詢的重點，給想要嘗試打造庭園，卻不知該從哪裡、如何著手起的你。

1　從「想像中的風景」勾勒藍圖

在具體思考想要什麼樣的庭園前，先試著找出自己或家人對植物「想像中的風景」。例如：「難以忘懷小時候打少棒時的草地香」、「喜歡那部電影裡出現的某個畫面」等。不管什麼想像都好，先試著寫出來。若是委託園藝師，則可以這些關鍵字作溝通，漸漸將「這樣的庭園真棒！」的畫面勾勒出來。

2　適當栽種的時期

秋分（9月20日前後）到春分（3月20日前後）之間的這段期間因植物的活動力較低落，適合將植物移植至庭園。畢竟移植對植物而言，是項重大的手術，移植後的植物需要時間復元，若曝露在大太陽下、颱風的危險中會使其致命。若是在上述時間之外也不是絕對不可進行移植，但因夏天時植物也會感到倦怠、還有4月正在長出新芽，應盡量避免較好。

3　決定植物的方法

植物也會有好惡，有的喜歡陽光，有的喜歡陰涼或半陰涼的環境。有耐乾燥的植物，也會有喜愛陰暗潮濕的植物。因此需要先瞭解植物的特性，才能找到適合庭園和地域條件的植物，好好地培育它們。當有「想種看看這個！」的念頭時，最好先參考植物圖鑑等，查明植物喜歡的環境，也可以詢問對植物非常瞭解的專家。

4　打造好的庭園條件

與建築物有一體感的庭園就是好庭園。每個人喜歡的庭園都不同，但若只照著自己的喜好去打造而忽略建築物本身擁有的氛圍就不太好了。只要能從蓋房子時，就一併將想要打造的庭園考量進去，或許比較容易達成預期的結果。不論是在預售屋的階段或購買已蓋好的房子，最重要的是盡早提出想法，像是不需要進行附加的戶外工程或減少水泥覆蓋的部分等。

5　造園後的相關作法

庭園是需要長時間相處的。從打造庭園開始，常會覺得「這也想弄，那也想作！」但每天工作已非常忙碌，若還要耗費工夫照料庭園，最後恐怕會導致沒辦法應付而放棄，且不得不任由其荒廢下去。因此對自己或家人來說，最好避免花費太多工夫在庭園上。建議一開始就設定好庭園的範圍，並考量生活的型態，區分出自己能作的和委託給專業者處理的部分。

番外篇　關於預算

委託園藝師打造庭園時，必定會在意費用。有些園藝師會清楚地標示價格，有些則不會。雖然不能一概而論哪種方式較好，但都需要適度地與對方溝通清楚可議價的空間。若將預算抓得很緊，連一萬日圓也不能超過，站在對方的立場，自然也會變得很為難，因此最好能事先決定好預算的幅度。附帶一提我的收費方式設定如下：

A　空間　每坪20萬日圓

高大樹木（主要樹木）1棵・中型樹木2棵・常綠中低樹木3棵・低矮樹木5棵・花草30株

B　空間　每坪15萬日圓

中型樹木（主要樹木）1棵・常綠中低樹木3棵・低矮樹木5棵・花草30株

從6件有趣的事
想像理想中
的庭園

與其思考著想要什麼樣的庭園，不如問自己希望在庭園作些什麼事？大家想在庭園實現的願望，不外乎就是重拾童心，你也想在其中作些什麼有趣的事嗎？楠表示：「從以往的經驗來看，可以在庭園享受的樂趣，大概總括在以下6種類型。」就在打造庭園時落實吧！

Point 1　摘花的原野

想要在庭園種植花草，將開花的花草採摘下來，裝飾在家中或當作禮物送給鄰居、朋友；或將花草畫成畫、拍成照片⋯⋯

Point 2　在樹林中捉迷藏

想要讓孩子們在樹林中奔跑、玩捉迷藏遊戲；大人則在林間散步、在陽光灑落的樹葉縫隙下發呆、在樹蔭下乘涼、從家中看見綠林的景致⋯⋯

Point 3　淘氣玩耍的廣場

想要光著腳丫在庭園奔跑、玩捉鬼遊戲或玩球、在草原上打滾⋯⋯若有人想在草皮上練高爾夫球也沒問題，其實只要3坪空間就足夠了。

Point 4　庭園中野餐

想要在木板露台上野餐或喝茶、招待朋友來烤肉或開Party、夜晚時開盞燈，悠閒地度過時光⋯⋯

Point 5　小魚悠游的水池

想要打造水池、小河流、以水盆養小魚；想作個飼料台，吸引小鳥來玩耍⋯⋯

Point 6　愛吃鬼的菜園

想要打造菜園、種植香草⋯⋯只要有1坪的空間，就足以打造家庭菜園。

雜木小徑改造成綠色通道

🏠 東京都 杉並區 熊澤宅

特意使用相同類型的樹木製造出深邃感

考量通道的形狀和樹枝未來的伸展走向來配置樹木，使得前方看起來似有若無。並藉由風格氛圍相似的樹木，營造出深邃感，所以栽種在通道上的幾乎都是槭樹和楓樹。

Before

After

旗竿地＊竿子的部分打造成漂亮的綠色隧道

一般來說，在住宅密集區的棟距之間，往往會產生旗竿地。本案將這種常被視為惡劣條件的地形走道，逆轉成為漂亮的綠色隧道。而且如屋主建築家熊澤安子所希望，「它是兼具綠色療癒空間，及住家與戶外切換作用的場所」。全長20m的小徑鋪著大谷石石板，走在其間，樹木的葉子會遮住視線，無法看到盡頭處屋主辦公室兼住家的模樣。也正因為看不到前方而伴隨著期待感，讓20m的小徑走起來比想像中還長。

＊旗竿地
如插著旗竿般形狀的土地。銜接道路的門面狹窄，距玄關還有一小段距離。（詳見P.33 DATA）

注重樹木・樹下花草・石子的配置

與樹木的搭配具層次感

遲遲看不到玄關

Before

After

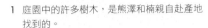

白色與粉色映襯在綠意中

1 庭園中的許多樹木，是熊澤和楠親自赴產地找到的。
2 小徑原先是向右彎，現在則是導向建築物的中央。
3 通道植栽過去和現在的對比，像是快要隱蔽住家似的長得非常茂盛。
4 通道兩旁開著楚楚動人的野花。
5 開滿可愛小花的加勒比飛蓬，有著低調的華麗感。

6 石板邊緣排列種著各式各樣葉形的樹下花草。
7 石板用的大谷石，來自附近拆掉的圍牆，具有傳承景觀歷史的存在感。
8 容易製造出空間的圍牆下，以富貴草的亮綠色襯托出圍牆的顏色。

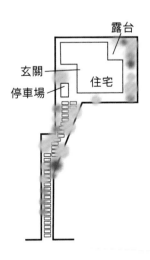

露台
玄關
停車場
住宅

妝點圍籬下的縫隙

✎ DATA

施工：2012年9月
庭園面積：約20m²
施工費用：A space×6（石材費用另計）
（依P.30的基準，以下相同）
・主要樹木
羽扇楓・楓樹・山梣等
・主要花草
韓信草・金知風草・斑葉連錢草等

只要有空間就種植！在陽光灑落的樹蔭下享受天倫之樂

以適度的遮蔽效果
打造家人輕鬆休閒的場所

餐廳與起居間前，面南的雜木庭園，常有陽光從樹縫間灑落，且樹木適當地遮掩了外人的視線，因此成為家人既悠閒又安心的聚會場所。對於上幼稚園、活力充沛的小樹而言，和這些樹木度過的每一天都將成為心象風景。

1 從室內望去，整面落地窗充滿著中庭的綠意。
2 各式各樣的葉形隨著陽光灑落一覽無遺。也是柔軟的枝條迎風搖曳、展現優美姿態的空間。
3 面對著從樹縫隙間灑落的陽光，正吹著泡泡的小樹。陽光照耀下的泡泡，閃閃發亮。

4 日本槭下長得相當茂盛的花草，就像森林中的地表一般。
5 長在住家與圍牆間通道旁的花草，隨著時間變化會被屋簷遮住光線，但依然如此活力十足。

玄關前1坪空間的
前花園

🏠 東京都 世田谷區 I宅

楠的造景
小提醒

選擇家人會愛不釋手
的象徵樹

這是一個有男孩子的家庭。從男孩活潑好動的印象，選擇能製成棒球棍的梣樹當象徵樹。儘管梣樹的綠葉不多，但種植家人愛不釋手的植物比什麼都重要。

綠化計畫要考慮
容積而不是面積

面對道路的入口，通常只有以水泥覆蓋的玄關和停車空間。這是都市中先建後售住宅常見的光景。雖然植栽的空間有限，但只要以立體概念為考量，就能創造綠化的高度。因此活用這空間，種植了高4m的梣樹。從2樓窗戶就能眺望這棵筆直高挑的綠樹。兩邊以唐棣和香草類強化，並維持側面的菜園。腳下則利用斑葉矮木與彩葉植物，給人明亮時尚的感覺，同時讓建築物看起來更加優雅。

After

Before

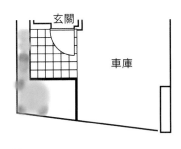

玄關

車庫

✏ DATA

施工：2014年10月
庭園面積：約4m²
施工費用：A space×1（石材另計）
·主要樹木
梣樹、藍莓、唐棣等
·主要花草
木黎蘆·彩虹旎那·珊瑚鐘等

① 野草莓
　（青檸葉）
② Abelia sunrise
③ Abelia confetti

在 1 坪 × 3 處 的 空 間 栽 種 植 物

🏠 東京都 世田谷區 O宅

Before

After

**楠的造景
小提醒**

一邊除草
一邊確保將來的
植栽空間

植栽空間不一定要種滿植物，
也可在邊緣鋪些小石頭。如此
一來，在抑制雜草生長的同
時，也能保留一些空間，今後
就能自由地栽種更多自己喜歡
的植物。

同時享有喜歡日照的植物
和陰涼的植物

O先生非常希望即使空間有限也
能體驗綠意，因此在空間規畫時便預
留了三處一坪的空間。空地都位於角
落，分別朝南、朝西南和東北，所以
能栽種喜歡日照的植物，也能栽種耐
陰涼的植物。雖然並非一整塊的空

地，卻能享受在不同地方栽種不同植
物的樂趣。即使夫妻都是忙碌的上班
族，也能享受好好照料植物的樂趣。
連以往是園藝苦手的O先生，如今都
說：「園藝工作真有趣！」

空間雖小卻能有3種樣貌

1. 以主要樹木和樹下花草製造出分量感

種植野茉莉，同時也種植葉子顏色明亮的花葉山指甲，如此不但能製造出分量感，也不會給人太沉重的印象。

2. 映襯於白牆上中型、低矮樹木的綠色地帶

比象徵樹略低矮的姬娑羅、楓樹，搭配齒葉溲疏、黃荊映襯在白牆上形成大面積的綠色塊狀。

3. 作出高低差，有規律地進行配置

窗下狹小的空間種植木賊。當它長到一定高度，就能享受疏苗和修剪的樂趣。

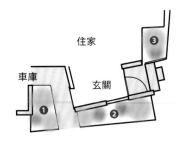

DATA

施工：2014年10月
庭園面積：約10m²
施工費用：B space×3
・主要樹木
野茉莉・姬娑羅・楓樹等
・主要花草
富貴草・芒草等

拆除露台，打造綠色通道

🏠 埼玉縣 埼玉市 O宅

種在狹窄處的
高大樹木在數年之後
樹形就會變得很安定

這庭園的主要樹木是高5m的
栟樹，而這棵樹是從樹齡40
年、修剪過一次後長出的新株
（殘株周邊發出的新芽）分株
而來的。栽種在狹小地方的高
大樹木，不消幾年就會長得很
好。

Before

After

藉由樹下花草與小徑
營造深邃感

圍牆內側往往容易成為陰暗的空
間，但若逆向思考，藉由這裡與山非
常接近的優勢，反而適合打造成身在
林間的感覺。因此拆掉原有的木製露
台和木柵欄，打造成具林間趣味的通
道。並扮演著原先柵欄的角色，具有
遮蔽鄰人目光的作用。眼前處則栽種
具存在感的彩葉和斑葉植物。因植物
的葉子顏色明亮，就能使較陰暗的深
處突顯出來，同時讓大谷石小徑產生
律動感。大谷石在光線的反射下，也
產生了明亮的印象。

\ Fuwari流 /

通道的植栽術

更加
閃閃發亮

1

2

太陽下
另一個
天地！

3

4

5

6

7

8

樹影
搖曳生姿

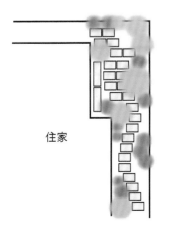

住家

✎ DATA

施工：2014年10月
庭園面積：約24m²
施工費用：A space×7
（石材、木製露台拆除費用另
計）
・主要樹木
梣樹、栓皮櫟・垂絲衛矛等
・主要花草
葡萃通泉草・斑葉連錢草・桔
梗等

使有限的空間
看起來寬廣的秘訣！

1 位於通道前方的斑葉闊葉山麥冬・石菖蒲，頗
具存在感。

2 葡萃通泉草是通道前方的「存在感植物」之
一。

3 若想要陽光灑落時看起來更漂亮，就要栽種各
種不同葉形的樹木。

4 種在小徑深處、開白色花朵的通泉草，與開紫
花的葡萃通泉草形成對比。

5 位於小徑深處、明亮的連珠絨蘭。在樹葉縫隙
間灑落的陽光照耀下，如桃花源般顯得更加明
亮。

6 大型樹木的光影映襯在住家牆面上，透過視覺
效果，使庭園空間看起來更大。

7 斑葉連錢草的紫花，更襯托出葉片斑紋的華麗
多彩。

8 開著成串小白花的木黎蘆。

玄關前通道
以石椅·綠樹造就出豐富表情

🏠 東京都 世田谷區 S宅

試著打造出風景協調的精彩畫面

本案只是在小徑和玄關前的狹長切口鋪上大谷石，並在入口處設置一張石椅，就能讓整個畫面非常協調。當停下手邊的園藝工作時，還可坐在長椅上欣賞庭園景致。所以記得越是小型的空間，只要打造出精彩的畫面即可。

Before

After

從停車場銜接玄關·小徑·圍牆·樹木的庭園

一般建在住宅區的住家，門前通的植栽與停車場的氛圍一致化，具有放大空間的效果。塗上柿漆的木製圍牆，則能突顯出植栽的綠意，也達到連結具現代感的玄關周邊與樹木之間的作用。

常約有2坪的空間。原本該是鋪水泥的停車空間，如今在中央部分留有寬40cm的狹長切口，打造從停車場順利通往玄關，並以雜木妝點的庭園。通道鋪上大谷石和鵝卵石，使玄關前

為原本無機質的空間注入生命力

樹下
引人注目的
石頭

映襯出
美麗的
剪影

和大谷石
十分相襯

住家

玄關

停車空間

石椅

木製露台

住家

厚葉石斑木＋木黎蘆

以鄰家的牆壁為背景。樹木柔軟的枝條
時時刻刻改變著姿態，映襯在猶如白色
畫布的牆面上。

大谷石＋輕石

屋主S非常喜歡石頭，因此依其喜好在
植栽下放至大谷石和輕石，營造具自然
風的石材花園氛圍。

✎ DATA

施工：2014年10月
庭園面積：約17 ㎡
施工費用：玄關前A space×1・B
space×1（石材、停車場施工費用另
計）・庭園A space×2・B space×1（石
材費用另計）
・主要樹木
冬青・桥樹・日本槭等
・主要花草
繡球花・闊葉山麥冬・紫色蘭花

After

Before

南面庭園打造成
和玄關前一樣的風格

面向起居間的庭園，打造成和玄關前一
樣的風格。庭園一隅，以人造假山製造
高低起伏，並種植與石材庭園相襯的苔
蘚植物。

以都市綠化補助金
打造綠意盎然的停車空間

🏠 千葉市 市川市 A宅

Before

After

補助方案
要在施工前申請

對於積極推動綠化事業的自治體通常會有補助方案。只不過，要在開始施工前就申請，一旦施工後就來不及了。建議從最初階段就開始收集情報，一邊考量補助的條件，一邊進行庭園建造計畫。

綠化停車空間
打造出深山的光景

面向道路開放的A宅庭園一半被樹木覆蓋，一半則像綠色草原般，完全是深山的感覺。像綠色草原的部分其實是停車空間，但因為是給客人用的，平常幾乎沒有停車，所以將它改造成庭園使用。在計畫空間綠化的期

間，屋主A得知可以利用市川市所提供的補助金來進行停車場綠化。但申請補助通常會規定綠化時可以使用的植物，所以也將這些條件一併考量進去，最後選擇在停車空間鋪草皮和地毯草。

留意政府單位的補助資訊，並妥善利用

從上方俯瞰！

兼顧土地改良

由於靠近海邊，為改良多沙土壤，培養出排水、保水良好的土質，樹木要種在假山上，並使用天然形成的自然石取代擋土牆。由於植物的位置變高，通氣性也變得較好。

從上方俯瞰！

好好利用列為補助對象的地被類植物

近來，植物的品種很多，因此需要事先向受理單位諮詢列為補助的對象。本案所申請到的補助方案，對象僅限於個人住宅、地被類植物。因此以草皮和地毯草，向政府單位提出申請。

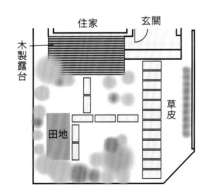

住家　玄關

木製露台

田地

草皮

DATA

施工：2015年3月
庭園面積：約10m²
施工費用：通道／石材・草皮施工（有部分補助）・庭園／A space×3（石材、草皮費用另計）
・主要樹木
冬青・梣樹・栓皮櫟等
・主要花草
吉祥草・紫金牛等

猶如自然雜木林般的植栽

在庭園中設置假山，使地面產生高低起伏，再加上樹木、野草、石頭的配置，就能打造出猶如森林般的景致。

將建商栽種的針葉樹和草皮空間
改造成雜木風庭園

茨城縣 筑波市 ○宅

Before

After

孩子可自由愉快奔跑的庭園

位於新興住宅區先建後售的住宅，建商已預先栽種好針葉樹和草皮，但看起來只是徒具形式罷了。於是保留原有的草皮，將它當作小徑，並種植高大的栓皮櫟、梣樹，以抵擋夏天強烈的風吹和日曬，守護住家和庭園。此外，為孕育出避暑勝地般的療癒空間，也搭配種植具纖細樹形的楓樹、大果山胡椒、垂絲衛矛等，變身成為具季節感的落葉樹庭園。樹下種的花草則以健壯的宿根草為主。完全改變之後的庭園，很受孩子的歡迎。他們感覺「像森林一樣呢！」在庭園中來回奔跑，這裡也能讓路過的行人感受四季的變化。

楠的造景小提醒

不同的植栽方式，讓庭園看起來寬廣且使用幅度大增

不只在停車場和道路的邊緣，靠近建築物的部分也種植樹木，使植栽產生層次感而打造出空間的深度，因此施工後的庭園會讓人覺得比以前大上好幾倍。由此可見，即使是先建後售的住宅庭園也不要放棄改造的機會。

先建後售的住宅庭園也能注入自我風格

長得生氣蓬勃
的草皮

屋主太太表示：「購入這住宅時，原本雜亂生長的草皮，總覺得很沒生氣。沒想到能變成如此生氣蓬勃的漂亮綠色。」藉由種植樹木、花草，將原有的草皮改造成有如涼風吹拂般的綠色隧道。

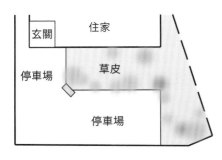

1 種植樹木的空間，放入大量樹皮堆肥的泥土，作成人造假山。
2 樹下花草是韓信草、金知風草、斑葉連錢草等。
3 從2樓就能伸手觸及樹木的枝葉，像是住家四處被綠意包圍的感覺。
4 光是想像樹木經過歲月，長得更茂盛的樣子，就不禁令人滿心期待起來。

✎ DATA

施工：2015年3月
庭園面積：約10m²
施工費用：A space×1・B space×2（保留原有的草皮・停車場）
・主要樹木
栓皮櫟・梣樹・楓樹等
・主要花草
韓信草・水甘草・槭葉蚊子草等

打造與道路間的高低差
再現武藏野風情

🏠 東京都 町田市 O宅

Before

After

能滿足住家內外的
武藏野雜木林

　O宅的背面是腹地廣大的森林地，而前方隔著道路，就是河川。因此這庭園擁有從家中所見，及從戶外所見，兩種不同的風情景致。若從家中借景森林，就能看到眼前的樹梢無限展開；步行外出則能散步於小徑中、沐浴在灑落林間的陽光下，並採摘路邊的小花，帶回室內裝飾。施工後三個月就能見到植物們生長茂盛的樣貌，能有如此漂亮的庭園，要歸功於屋主O對植物喜愛的程度。

**楠的造景
小提醒**

越早開始行動
越多機會遇見心儀的對象

屋主對於打造庭園非常有想法，因此在建造住家的同時，也擬定了庭園的構想，最後完成心目中理想的庭園。所以越是有想法的人，就必須越早開始行動。一旦長期經營下來，遇見心儀對象的機會也會增加。

樹木的挑選方法及栽種的訣竅

植林：栓皮櫟・青剛櫟・日本槭・冬青・腺齒越橘・三葉釣樟等

中低樹木：雞麻・白鵑梅・馬醉木・日本女貞・紫珠・胡枝子等

樹下花草：槭葉蚊子草・單葉佩蘭・匐莖通泉草・玉簪・腎蕨等

道路與植栽帶之間另一條小徑的作用

藉由臨道路和建築物附近植栽群的交疊，就能打造出像森林般樹木林立的景色。並在兩者之間打造出兩條小徑，小徑旁也能栽種新的植栽，讓綠意更盎然，製造出更深邃的景致。

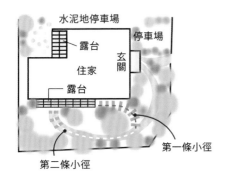

水泥地停車場
露台
停車場
玄關
住家
露台
第一條小徑
第二條小徑

✎ DATA

施工：2015年2月
庭園面積：約30m²
施工費用：A space×9（石材・沙子費用另計）
・主要樹木
紫花槭・栓皮櫟・娑羅樹等
・主要花草
白花野春菊・九蓋草等。

1 連接露台的通道，是第一條小徑。
2 從西側看到的第二條小徑。
3 從東側看到的第二條小徑。雖然是同一條小徑，但依觀看的方向，景色則完全不同。
4 從道路眺望住家的模樣。只要樹木長成一片樹林，就能發揮隱蔽的作用。

將寬廣和式庭園的一部分
改造成雜木風空間

🏠 埼玉縣 所澤市 O宅

**喚醒土地
所擁有的記憶**

屋主O擁有一個繼承自父母，且非常廣大的和風庭園，他希望將其中的某個部分打造成最喜歡的雜木庭園。這塊土地原本是開墾森林而來的，為了喚起對土地的記憶如今已是被樹木所圍繞的空間。另外，藉由在庭園的中央設置細長的假山，還可享受環繞觀賞的樂趣。施工後半年，就連沒有栽種的植物也現身了，或許是從哪裡飛來的種子或鳥糞中自然發芽的吧！庭園景致順應大自然的變化，顯得十分有趣。

**楠的造景
小提醒**

只是一張椅子
卻有三種功用

本案的重點在於以大谷石製作的長椅，它不但是白砂石路和綠園之間的亮點，也成為休憩、及與鄰人交談的場所。一張長椅卻有一石三鳥的作用，因此極力推薦。

Before

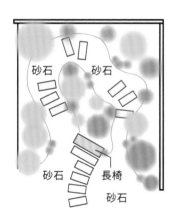

DATA

施工：2014年10月
庭園面積：約24m²
施工費用：A space×4（石材・砂石費用另計）
・主要樹木
梣樹・雞爪槭・榛樹等
・主要花草
唐松草・聖誕玫瑰・天竺葵・紫花菫菜等20種

After

緩和國道的喧鬧
打造成家族放鬆的休憩空間

🏠 埼玉縣 川越市 S宅

楠的造景
小提醒

從較緊急的地方開始
再慢慢完成

當庭院裡有好幾處需要施工、一時之間無法全部作完，從較有急迫性的地方著手，再慢慢分階段完成也是一種方法。不過，若是外包給業者，有時考量到整體的統一感，或常常拖到後來，放在那兒的地方就再也不會去動了，最好還是全都發包出去一次作完較好。

以高大樹木 充分遮蔽

S宅一旁就有國道通過，因此不管如何都只能在臨國道的空間著手打造庭園，此外，也特意配置枹樹、栓皮櫟等高大樹木，以期能阻斷噪音、遮蔽視線。另外，在架構好的區塊內種植大葉釣樟、吊鐘花等具氣氛的樹木，且放置假山，打造出具回遊動線的庭園。施工後兩個月，從起居間就能看到長高的樹頂。以風化花崗岩土打造的小徑，與滿園的綠意形成對比。

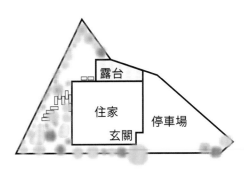

Before

After

DATA

施工：2015年3月
庭園面積：約13m²
施工費用：A space×4（風化花崗岩土施工費用・草皮另計）
・主要樹木
栓皮櫟・枹樹・日本楓等
・主要花草
紫羅蘭・紫斑風鈴草・夏枯草等

\ 對新手來說很便利！ /

花草與樹木的組合

即使想在庭園種植樹木和花草，也不知道該種些什麼才好……對這樣的新手來說，使用事先種入幼苗、根部纏結的組合就很方便。隨著生長，植物會漸漸適應周邊環境，形成自然的景致。

組合草花

組合樹

上：使用組合草花的庭園。
下：左‧向陽至半陰涼類型、右‧組合草花的盤根狀態

上：在主要樹木旁種入組合樹。
下：在生物可分解的容器中種入兩種以上的樹木。

簡單就能種植，新手的最大幫手

　　第一次打造庭園，往往不知該種什麼花草和樹木才好。連一株株準備好的花草和樹木，也經常不知道它們的名稱，更不用說查詢它們的特性了。另外，第一次種花草，也容易發生種入之後卻無法著根的煩惱。

　　這時，最有幫助的就是使用植物組合。依向陽、半陰涼或區域不同，將容易栽培的花草，像貼草皮般簡單種入。若將春、夏、秋季開花的植物合植在一起，到了冬天，這些植物的地上部分會消失，而地下根莖則會充實健壯，等著隔年再開花。此外，也有好幾種樹木種在一起的組合樹，可多加利用。

CHAPTER 3

從實例中學習
打造心目中理想的庭園

打造庭園時，儘管需要考慮環境因素，
但也希望盡量能達成所願。最好一邊觀摩實例，
一邊研究如何具體地實現。
相信其中一定會有「這就是我想要的庭園！」的線索。

克服惡劣的條件 打造魅力十足的庭園

以下分紹將條件惡劣的空間，轉化成足以匹敵主要庭園且魅力十足的庭園實例。面對越惡劣的條件，越能克服時，其喜悅更是無法言論！

🏠 伊藤宅
設置令人想通行的物件

白色拱門、明亮葉色的植物透過光線反射，讓庭園變得明亮起來。在最末處設置一扇門片，也引起人們的好奇心。

🏠 飯田宅
改良土壤後種植

在紅磚小徑兩旁種植耐陰涼的玉簪、蕨類植物。種植前，先將土壤整頓成排水和保水良好的狀態。

---

1 狹窄通道

納入光線，打造出能愉快通行的通道。施工後，感覺空氣的流通也變好了。

如此下工夫！

地面嵌入明亮顏色的石板，在幽暗處添加表情，使之變明亮。

🏠 S宅

探尋植物的樂趣

雖朝南，卻與鄰居的隔牆形成陰暗的位置。若種些喜歡溫暖陰涼的植物，就能打造出如森林中充滿生命力的植栽。

🏠 伊藤宅

使用令人精神振奮的色彩

在被圍牆與建築物包圍的空間中，設置明亮、色彩令人精神振奮的涼棚和休閒桌椅。另外，層板的使用也能創造出景深。

---

3 陰涼・半陰涼處

喜歡陰涼・半陰涼的植物其實不少，也嘗試栽種自己感興趣的不知名植物，打造具異國風的耐陰涼花園。

2 住家背面

一般人想不到會成為庭園的場所，卻最適合作為隱密的私人空間，也可布置自己喜歡的雜貨。

大人的
祕密基地！

伊藤的
庭園設計巧思

伊藤住在住宅密集區先建後售
的住宅。一般人認為，這樣的
住宅應該沒有空間再打造出庭
園，而她卻利用巧思將圍繞住
家的僅有空間，全都改造成舒
適的綠園。一起來瞧瞧，她如
何克服惡劣的條件、花費多少
工夫打造精彩的庭園空間。

1 不受場所限制的休閒桌椅，可供三位大
　人休憩，還有餘裕。
2 圍籬上布置裝飾性的窗戶和棚架，假窗
　可創造出景深。
3 古董看板的四周種滿可愛的蔓性玫瑰。
4 設置在通道牆上的花台，裝飾著帶來明
　亮感的雜貨。
5 裝飾性窗戶中的鏡子，能夠增添深遂
　感，是個絕妙的巧思。
6 直線型生長的植物能為空間帶來寬闊
　感。

處處充滿
有趣的
裝置

如休閒
度假地的
配色

7 在高處種植玫瑰,不論花或葉子都能充
分沐浴陽光。

8 手工製的直條紋花架,充滿著趣味。

9 盛開的花朵像從茶壺中滿溢出來似的。

10 手工製的信箱以植物作裝飾,小小的空
間也不忘綠化。

11 配合庭園,以手工打造的巢箱風花架。

12 在引導玫瑰攀爬、單調重覆的枝條處,
吊掛壁掛式花盆。

13 在牆壁上貼附紅磚,並與裝飾物件結合
的花台,實屬精心之作。

14 在通道上特意裝置一扇門片,讓人對門
外的世界產生想像。

15 在粉刷過的棧板上,裝飾古董水龍頭。

具歐洲
巷弄的
氛圍

似乎聽得到
小鳥的
鳴叫聲

滿天星

攀根

斗蓬草

鐵線蓮

百里香

嫣紅蔓

🏠 高橋宅

適合小型空間．陰涼與半陰涼處的植物

以下介紹在小型空間．陰涼與半陰涼處也能長得生氣盎然的植物。

依環境微妙的差異，有的植物會長得很好，有的則不會，

因此需要實際種植看看，才能找出適合該場所的植物。

玉簪

玉簪

常春藤

蕨類植物

🏠 伊藤宅 2

玉簪

攀根

鐵線蕨

連錢草

攀根

🏠 伊藤宅 3

藍羊茅

紫金牛

伊藤宅

4

銀瀑馬蹄金

伊藤宅

5

茶樹

安娜貝爾巨型繡球花

澳洲迷迭香

聖誕玫瑰

一葉蘭

S宅

6

川西莢蒾

葉薊

莢果蕨

馬醉木

S宅

7

P.56

1 像滿溢出來似地不斷擴展的景天，巧妙地沖淡與其他植栽的界線。

2 栽種葉形不同的植物，使寂靜的空間產生動態感。

3 各處混雜著作為跳色的葉子（這裡是攀根的銅色葉子），而產生律動感。

P.57

4 地面成排的樹下花草中，試著放入以花盆栽培的植物。若在陰涼處栽培不易的植物，可短時間擺放。

5 鋪上紅磚後還有一些未填滿的空間，可種植即使在惡劣環境下仍具繁殖力的植物。

6 就算日照不佳的地方，若是該植物適合的環境，也能長得越來越繁密。

7 形狀獨特的葉子聚在一起，就算沒有花朵，也能成為有趣的空間。

即使沒泥土 也能變庭園！

以下介紹即使沒有接觸地面的部分，也能有庭園空間的實例。完全無法想像原本沒泥土的場所，竟然能打造成與一般地面庭園無異。

這些都是耐乾燥植物

🏠 宅間宅

回應用心照護的植物們

1 這是一處葉色五花八門的美麗庭園，且看不論樹木、花草，甚至葉尖都元氣十足。可見這些植物受到非常悉心的照顧。

🏠 飯田宅

真的是屋頂？

2 地被植物蔓生在好不容易運來的泥土上，樹木也長得很高大。大型陽傘可在日曬強烈時派上用場。

1 屋頂

儘管有必要改善日曬的熱效應、容易受強風吹襲等嚴苛環境，但卻能打造成給人空曠、開放感的庭園。

2 露台

住家與庭園的橋樑──露台。若好好利用，這裡就能讓人耳目一新。即使無法打造成真正的庭園，也能發揮庭園的作用。

🏠 濱野宅

1 因住宅庭園緊臨深綠色覆蓋的山谷，於是這露台成了借景森林的場所。種在木製露台的樹木，也自然而然地與森林融和在一起。

🏠 O宅

2 在緊臨露台的栽種空間中，排列著從插枝開始栽培、經過20年成長的樹木。每天仍持續不斷地從露台守護著它們成長。

🏠 free style furniture DEW

3 若待在從庭園延伸出去的露台，緊鄰的森林，似乎伸手可及，且每天都能從窗框中享受四季變化的樂趣。

🏠 free style furniture DEW

4 從正側面看左邊露台的模樣。露台像是眺望庭園與森林的豪華展望台。

20年來
持續照護
它們的成長

白色露台上
陽光顯得
更加明亮

露台是團聚 & 休憩的場所

露台上很適合擺放休閒桌椅，不但能成為注目的焦點，也是家人團聚、休憩時不可欠缺的場所。

🏠 Garden Shed

喘口氣的場所

1 位於休閒地的這座庭園，提供了讓造訪者喘口氣的露台，是能盡情享受美景、明亮溫暖的場所。

🏠 栗原造園

綠意的守護

2 以和建築物同樣的素材打造木露台和涼棚，作為房屋的延伸。與其說是人在觀賞庭園，不如說是樹木花草在守護著人們。

🏠 Ｙ宅

兩個休憩場所

3 家族聚會通常在露台舉行，當來訪的客人很多時，恐怕連庭園的桌椅都會充滿著笑聲。

使用露台的方法

休假日的早午餐

🏠 堀越宅

夫婦和年幼兒子聚在一起的休假日，會在這裡慢慢享用早午餐，品嚐身為義大利料理講師的媽媽親手作的料理。

露台的一處打造成植栽空間

🏠 Garden Shed

連露台都打造了植栽空間，藉此增加綠色的塊狀面積。只要種入中高樹木和低矮樹木，一座庭園就完成了。

挑高露台下栽種喜歡陰涼的植物

🏠 T宅

挑高露台下容易給人空空蕩蕩的感覺，適合栽種能長得健壯、喜歡陰涼的宿根草，讓小徑旁也有了表情。

3 公寓的庭園

公寓的專用庭園，多半會讓人覺得很難維持打造的熱情。只有在搭建露台和牆面的柵欄之後，才有動力想要進一步美化庭園。

🏠 堀越宅

▲ 在格狀柵欄下打造成迷你花圃

設置手工製作的格狀柵欄後，為使空間變得更加豐富熱鬧，所以將紅磚並排打造成可愛的迷你花圃。並將花圃分成好幾個區塊，以方便維護。

▼ 納入綠意的料理與餐桌擺設

堀越親手製作正統的義大利料理和餐桌布置，在窗外綠意的襯托下更加吸引人。

在花盆和花圃中栽種香草植物

在庭園中種植平常能用於料理中的香草，可隨時採摘使用。能坐在
陽光下享用在陽光下栽種的食物，是再好不過了！

種植季節性花草

除了香草植物之外，也種植
能讓人感受季節變化的花
草。從秋天到冬天，具美麗
色彩葉子的植物就陸續登
場。

裝飾格狀柵欄，玩出趣味

在格狀柵欄上以壁掛盆裝
飾，也布置一些具趣味的裝
飾，如三角旗、古董雜貨
等。

將主要庭園當作純白的畫布

主要庭園就像可自由自在描繪出具自我特色庭園的畫布般，描繪的材料也可依自己所花的時間慢慢地表現出來。

在靜靜開著花朵的宿根草旁，佇立著每年自然掉落的種子發芽、開出花朵的花草……是一直在循環運作的自然生態庭園。

如草原一般

🏠 Green Cottage Garden

帶給造訪者
平靜心情的焦點

1 像是小時候在草原上玩耍、迷路的感覺。隱身在庭園裡的休閒椅彷彿撫慰、守護著人們般，散發出令人心情平靜的氛圍。

縝密的植栽計畫
使植物發揮力量

2 白色花朵中點綴著粉紅色和藍色小花。雖然是精心考量過所栽種的植栽，卻能表現出花草自由的生命力。

美化花圃

🏠 Green Cottage Garden

掌握花開的數目和花色

1 在隱約可見的花圃邊石石縫間和花圃外，控制鮮豔花朵花開的數量，讓小小的植栽區塊顯得分外分明。

🏠 五味宅

夏天，鮮豔色彩的花是受矚目的焦點

2 草皮空間的外緣就是花草的樂園。花瓣飛散後，只留下雌蕊和花萼的姿態，令人感受到大自然的美妙。

🏠 Green Cottage Garden

具個性的花也能
融入整體庭園氣氛中

3 玄關前的鬱金香花圃，搭配冷色調的維羅尼卡草，讓庭園整體空間取得平衡。

花園創意設計

在花圃間打造小徑

🏠 五味宅

下次會看到什麼樣花草的嬌顏呢？

1 蜿蜒曲折的小徑給庭園帶來寬闊感，花草們各有所居，並各自生氣盎然地綻放著花朵。

🏠 M宅

將需要被照護的植物種在步道旁

2 打造小徑是為了方便照護庭園，如此也可在慢慢行進中，從各種角度確認植物們的樣子。

在造型構架下打造花圃

🏠 Green Cottage Garden

以背景色突顯植物的色彩

1 在色調暗沉的圍籬前，花圃中的花朵和葉片的顏色會被映襯得更加醒目，顯得生氣蓬勃。

以花圃＋花盆製造高低差

2 在延伸自建築物前的花圃中，擺放高度低於建築物的花盆，製造出高低差，如此一來，視線也變得更加順暢。

2 以雜木為主的庭園

以能令人感受四季更迭的雜木為主，就算沒有豔麗的花朵，但在每天一點一滴變化的景色中也能獲得療癒。

1

2

雜木小徑

走在設於庭園中的小徑，體驗雜木交織而成的世界。即使每天走在同樣的路上，也會有不同的發現。

🏠 飯田宅

經過17年養成的深邃森林

1　環繞著住家四周的小徑旁所形成的雜木林。從開始打造庭園，已經是第17年，如今整個完全呈現深邃森林的模樣。

🏠 大塚宅

陽光照拂的雜木林

2　這是連小徑也照得到陽光的明亮雜木林，喬木上方的樹葉茂密，下面則有充足的空間，可種植喜好陽光的樹下花草。

將桌椅擺放在陽光灑落的林蔭下

只要在庭園中放置休閒桌椅，就能悠閒地坐在陽光灑落的林蔭下，感受輕風吹拂過肌膚的清涼感。

使樹木看起來更美麗的樹下花草

能充分使樹下空間聚攏、讓樹幹裸露出筆直模樣的樹下花草。即使是陽光難以照到之處，也在這裡栽種適合的植物吧！

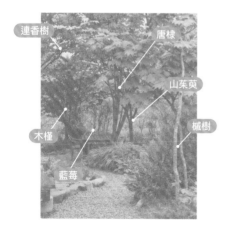

連香樹
唐棣
山茱萸
木槿
櫪樹
藍莓

🏠 T宅

在大型樹木下

在長得高大的樹木下設置休閒空間，到訪的人都希望在這裡泡茶、聊天，讓人忘了時間的存在。

狸蘭
野春菊
澤八仙花
澤八仙花・黑龍
斑葉玉簪

🏠 飯田宅

斑葉植物也朝氣蓬勃

在這裡，不耐強光的斑葉玉簪也長得生氣蓬勃，且每年都可觀賞到山野草開出可愛的花朵。

3 低維護庭園

一聽到庭園的維護，直覺想到的就是除草作業。若是忙於除草作業而沒有餘裕享受庭園的樂趣，那就本末倒置了。就來打造一個在維護上能力可以負擔的庭園吧！

打造不用煩惱雜草的庭園

要打造出不易生長雜草的庭園，就要盡可能減少植栽部分之外的泥土面積。但要避免失去想要打造的風格。

＼ 鋪設紅磚・碎石・石板 ／

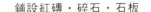

🏠 田中宅

**鋪紅磚後
只剩下植栽空間有泥土**

1 以紅磚鋪設地面，並費盡苦心地找來許多喜歡的物件，如街燈、涼棚等遮蔽泥土的部分。

🏠 高橋宅

**以綴飾填補
沒有泥土的部分**

2 小徑先鋪設抑草墊後，再鋪上碎石子，以防止雜草生長。並以石踏板、紅磚平台、休閒椅作為碎石小徑的綴飾*。

*綴飾
為突顯整體所添加的元素。

圍繞著花草

半開放的小型草皮空間，在周邊種植柔和的花草圍繞起來，並以能突顯綠意的開花植物作重點裝飾。

🏠 野中花園

被溫柔包圍

不在意來自鄰居的視線，在草皮上架設開放式的圍籬。周邊色彩柔美的花朵，恰到好處地融入草皮的綠意中。

4 草皮庭園

草皮能為庭園帶來明亮感，也能營造悠閒放鬆的氛圍。但若只是貼草皮，整個空間就會顯得呆板無趣。以下介紹具表情的草皮庭園實例。

環繞著低矮樹

在鄰居視線所不及之處，環繞著不太高、寬廣的低矮樹木已十分足夠。在寧靜的氛圍中，人就能輕鬆自在。

🏠 岡本宅

寧靜的空間

以沒有任何壓迫感的花草和低矮樹木，打造令人平靜、放鬆的空間。在這裡，可以盡情地沐浴在陽光下，打滾、打盹……

從美麗的草皮庭園中獲得啟發

花圃以曲線營造出柔和感

🏠 T宅

以紅磚畫出曲線

花圃的曲線，總能舒緩人的心情。連花莖伸展到草皮區的瑪格麗特，似乎也舒暢起來。

\ 神奇的曲線！ /

不只是花圃，樹底下也出現了紅磚曲線。其具有畫龍點睛的效果，也為樹木帶來存在感。

天然美麗的庭園

🏠 Green Cottage Garden

搭配花草形成草原風

經常修整的草皮庭園，在庭園花草的襯托下，醞釀出猶如牧草地般的模樣。

修整整齊的草皮格外美麗

🏠 金井宅

觀賞草割過後的美景

在修整得很美麗的草皮前方種植花草和低矮樹木，與位於背後建地之外的樹林融和在一起。完成了即使大費周章也非常值得的景色。

1 通道　 2 前庭園

1 **2**

迎接家人和訪客的
重要場所

首先迎接家人和訪客的庭園，可說是這個家的門面。這地方最好是中規中矩，又能傳達出家裡有哪些庭園的質感。

---

1 通道

銜接玄關的通道。行進間，腦海裡就會浮現接下來要見到的人。兩旁舒暢的綠意，不知不覺中也接收了各種心情。

綠色隧道般的通道

站在通道的入口處，若無法一眼看到目的地的玄關。那麼，走在其間就能體會穿越綠色隧道般探索前方的樂趣。

🏠 川島宅

各種植物形成的隧道

1 小徑兩側有高大樹木，也有低矮樹木，頭頂上則是蔓性植物形成的穹頂。經過50年培育的植物們，正誠心地迎接訪客入內。

🏠 BISTROT LA PEKNIKOVA

特別的氣氛與步道

2 在當地獲得好評的義式餐廳的入口通道。只有在特別的日子，會與特別的人前往的特別場所。是平常不會被發現的神秘小徑。

通往主要庭園的通道

在通往精心打造的庭園時所必須經過的通道，是最先歡迎造訪者，且能使人充滿想像的場所。

🏠 瀨尾宅

看不見前方的樂趣

1　這是有陽光照耀的明亮入口，但看不見深處的小徑，會不禁令人好奇「前方究竟有什麼呢？」

🏠 雨宮宅

反覆不斷的迎賓設置

2　要走過充滿山野草的小徑、穿越玫瑰的拱門，才會到達主要庭園。究竟在連角落處都吸引人注意的通道前方，會出現什麼樣的庭園呢？

2 前庭園

在玄關前展開的庭園，是能直接傳達「一直在等著你！」的場所。那麼，就以植物來表達這樣的心情吧！

🏠 川島宅

對植物的喜好一目瞭然

1 在玄關處就可以看到許多屋主在溫室悉心栽培的植物，紅色天竺葵是吸睛的重點。

🏠 瀨尾宅

上下種植不同的玫瑰

2 紅磚打造的入口處非常適合種植玫瑰。上下攀爬著不同種類的玫瑰，傳達出打造者細緻的品味。

🏠 飯田宅

直到門打開前都充滿期待感

1 迎面而來的是一整片足以隱藏、覆蓋後方住家的樹林（有山楓、光蠟樹、黃櫨等）。

以盆栽和小物引人注目

🏠 高橋宅

一個個都具有款待之心

2 連盆栽和裝飾小物都非常亮眼，更不用說玫瑰了。每登上一階樓梯，這些都會一一映入眼簾。

1

2

入口處朝氣蓬勃且令人心動的景致

花草們歡迎著來訪者

🏠 島村宅

綠化水泥牆面

原是沒有植栽空間的地方，所以活用高型花圃的高低差異，栽種具高度的植物，其中還有屋主親手DIY的可愛信箱。

通道的開始

🏠 川島宅

休閒椅與椅子的用意

通道途中也有一張休憩用的椅子，像是在對來訪的人説聲：「辛苦了，先休息一下吧！」令人想要漫步在其中。

裝飾大門

🏠 瀨尾宅

各式各樣的用心！

大門上裝飾著壁盆，除了對訪客和路人打招呼之外，也兼具遮蔽目光的作用。

從露台看往大門旁

參考 IDEA

模仿小咖啡館的入口

通過兩側的綠意和階梯，造訪者的目光和心緒，會飛快地被極具個性的大門吸引了過去。

玄關前高大的象徵樹
能遮擋來自道路的視線

其實只要種植高大的象徵樹，就能為無圍牆的開放式庭園，帶來遮蔽外來視線的作用。

小型空間也能隨四季
展現不同的樣貌

從道路往入口的階梯之間，可栽種具個性的植物打造出緩衝地帶，即使是路人也能愉悅地佇足觀賞。

── 1 圍籬‧柵欄 ──

新手也能輕鬆打造出背景，如圍籬與柵欄等最重要。因為在其周邊種植花草準不會錯。

🏠 水越宅

以枕木玩創意

1 植物從高度不一的枕木內側探出頭來。有的冒出一大叢，有的則隱身起來，因而呈現豐富的表情。

🏠 瀨尾宅

圍籬內外與屋簷下連成一片

2 圍籬外側、屋簷下的玫瑰與圍籬內側的植物連成一體，形成深濃的綠意。壁掛式的植栽也成為吸睛的重點。

小型植栽
空間更需要
發揮創意

不要小看任何一個植栽空間！
還有哪些地方能栽培出具效果的植栽呢？
就來看看以下的實例吧！

住家與圍籬的風格相襯

在圍籬的風格與住家牆壁相襯之下，可將圍籬當作畫布，盡情地揮灑植栽的色彩與形狀，展現出自由的創意。

🏠 Green Cottage Garden

將取代大門的圍籬下方
打造成迎賓花圃

在圍籬下方栽種色彩比圍籬明亮的植物，也可作為展示栽培成果的固定位置，第一眼就能吸引目光。

🏠 Garden Shed

圍籬也是住家的一部分

只要配合住家與圍籬的風格栽種攀爬植物，就能使建築物、圍籬、植物一體化。若是開花植物，花朵盛開時就好似美麗的舞台般。

2 與道路連接的植栽空間

圍籬內外側的綠色交疊在一起，就能製造出豐富的綠意空間。且透過它在與路過的行人、街坊鄰居互相不斷交流之下，不知不覺地也就成為城鎮風景的一部分了。

獲得路過行人的讚賞

🏠 TM宅

擁有許多粉絲的庭園

1 位在前往最近車站的路上，能讓通勤、上學的人精神抖擻，所以擁有的粉絲不分男女老少。

🏠 瀨尾宅

鄰居們的玫瑰園

2 由於位於轉角處，因此設置了朝南和朝西兩面的植栽空間。據說，玫瑰花開時，這裡會變成鄰居們賞花的場所。

攀根

毛地黃

三色堇

紫葉羅勒

三色堇

1

當作庭園一部分的樂趣

🏠 ＴＭ宅

將圍牆的內外打造成一個庭園

1 住家周邊若沒有完整的空間，就在圍牆內側種植
大型樹木，開放空間則種植纖細柔美的花草，打
造出一體化的庭園。

🏠 飯田宅

為了與庭園的綠意連成一氣

2 位於高台上的住家，斜坡常被忽略而顯得單調。
在臨道路面種植花草，並和位於上方的庭園綠意
連結在一起，花草也會因為自然掉落的種子生長
得更茂盛。

2

紅釣鐘柳

香豌豆花

福祿考草

麥瓶草

芫荽

抱莖蓼

金針花

花煙草

香豌豆花

找到小型空間了！

配合環境栽種植物吧！

1 景天（綠色）
  小球玫瑰（紅色）
2 夢幻草
3 黃水枝
4 芫荽（中央）
5 闊葉山麥冬（長形葉片）
6 加勒比飛蓬
7 景天
8 澤八仙花（右）
9 細梗溲疏
10 日本鳶尾

只要環境適合的場所，就會慢慢增長

就算是只有一點空間的庭園，也可以找到適合栽種的植物。如上面的圖片所示，植株們都像是從水泥空隙長出般，顯得十分健康、有活力。

CHAPTER 4

各種場所的
設計技巧

藉由學習活用和打造小徑、花圃、
植栽空間、造型構架等相關的方法,
打造出更美麗的庭園,
並在庭園中體會真實自我與世界觀吧!

來打造小徑吧！

小徑通常能為庭園帶來故事。

依材質與鋪排方式會製造出不同的氛圍。

建議參考實例，試著構想能創造出自己故事的小徑吧！

製造曲線

在有限空間中打造彎曲的小徑，不僅帶來視覺上的寬廣感，也更加擴展了小徑周邊的植栽空間。

縱向排列

能使用的木頭數量稀少時，更覺得彌足珍貴，令人想起濕地的木頭棧道。若周邊的花草高度稍微高一點，就會充滿野趣。

各式各樣的小技巧

使用木材

具溫潤氛圍的木材。即使是同樣的木材，枕木和硬質木片就會打造出完全不同世界觀的道路。若是翻修的情況，只要結合庭園中原有的石頭和砂石等，即可成為接續庭園生命的小徑。

與草皮相間

為綠色的草皮小徑增添綴飾，周邊種植各種葉形豐富的花草，形成塊狀的綠毯。

搭配小石頭

像山間小徑般，在橫向鋪排的枕木之間放置天然的小石頭。如此就能體驗在陽光灑落林間的小徑上徒步的氛圍。

細膩地融入大自然

以植栽自然打造出的空間，低調地排列著古樸的木板，為空間帶來寧靜的氣氛。

搭配參差不齊的石頭

庭園翻修後易出現大小不一的石子，若拿來運用，就能打造出具表情的小徑。

與砂石交錯鋪排

以砂石鋪排在小徑上，不但能成為庭園中的令人注目的焦點，走在其上，腳底的觸感也會出現變化。

隨意排列

打造露台時，通常會剩下一些尺寸參差不齊的木料。可用來隨意鋪設在小徑上，等空隙間自然長出花草時，就會形成像大自然般的景致。

斜著鋪排

為免幾乎呈一直線的狹窄小徑過於單調,將紅磚斜著鋪排,給人像被吸入深處的感覺。

縱橫交錯鋪排

一般會選擇單純的縱向或橫向鋪排,如此出人意表的鋪排方式非常獨特,也方便建造岔路時使用。

使用紅磚

紅磚有各種顏色與質感,要使用什麼樣的紅磚,採用什麼樣的鋪排方式,才會與庭園的氛圍相融合,最好在施工前充分溝通。紅磚的特點就是歷經時間越久越有味道。改變紅磚之間縫隙的鋪排,也會改變庭園的樣貌。

縱向鋪排出曲線

將紅磚慢慢地排列,描繪出曲線,打造出令人想像著道路盡頭的彎路。

規矩地縱向鋪排

每一列採取整齊的,而非互相交錯的鋪排方式,在庭園中帶入經典的氛圍。

以不同顏色打造童趣

將好幾種顏色的磚頭組合起來,在不太種植物的地方,打造出牽引著可愛氛圍的小徑。

在空蕩的地方加上植栽

在蜿蜒的小徑周邊種植花草。若是陰暗處,花草就不至於長得太高,所以選擇斑葉植物較好。

自由自在地組合

除了將紅磚作傳統式的鋪排外,也在各個地方鋪入正方形的磚頭,變化小徑的樣貌。

組合剩下的紅磚

將手邊剩下的各種長度、寬度、形狀的紅磚組合、鋪排。參差不齊的磚塊,反而製造出自然的感覺。

各種小徑

以下介紹其他木材、石頭等小徑材料的鋪排方式。從實例中比較，可一目瞭然地看出不同的樣貌，作為打造庭園時的參考。

像幅抽象畫

排列不規則的石材，在小型石頭旁配置流線型的紅磚，形成猶如抽象畫般具個性的小徑。

砂石中
有律動感

在顏色明亮的砂石中不規則地配置圓形飛石，成為吸睛的重點。

以地被植物
遮蓋

互相交錯埋入的大理石之間，種植地被植物。在幾乎是平面的高度之下，能觀賞到綠色與白色明顯的對比。

依喜好
鋪排石材

幾乎沒有規則的鋪排方式，卻能讓人釋放壓力、達到絕妙的平衡，連人孔蓋也變得不明顯了。

享受拼貼
的樂趣

將各種不規則的石材組合成正方形，享受拼貼成塊的奧妙和樂趣。不僅打造時有趣，步行其間也別有一番趣味。

道路與植栽空間
融合在一起

小徑的石材緊貼著兩側的植栽空間設置，使小徑與植栽空間緊密地融合在一起。

像拼圖
一般

沿著建築物角落的曲線位置，錯落放置不規則的石材，營造出休閒放鬆的意象。

隨機擺放的石材
與雜木相襯

不規則鋪排地石材，將原本空蕩的地方覆蓋起來，令人享受一邊漫步一邊佇足觀賞的樂趣。

紅磚小徑DIY

試著使用紅磚打造小徑吧！較正式的作法是先整地再鋪一層灰泥，紅磚的接著也會用到灰泥，但個人庭園則不需要作得如此扎實。風（Fuwari）的楠在此教大家簡單就能翻新或拆除，不必使用灰泥的打造方法。

STEP 1 挖土的深度為所使用紅磚高度的一半，寬度則只要能鋪上紅磚即可。記得碎石和根都要清除乾淨。

STEP 2 將鋪紅磚的地方放入河沙，以木板刮平。

STEP 3 將紅磚一塊塊排列。排列時，磚與磚之間需要預留接縫。

STEP 4 以水平儀確認是否有鋪平，並增減河沙來調整高度、鋪排紅磚。

STEP 5 擺好紅磚後，以橡膠鎚敲打固定。

STEP 6 以相同的方式，鋪排紅磚到需要的長度。

STEP 7 全部鋪排完成時，將河沙撒在紅磚上，並以手撫平，使沙子填入接縫裡。

STEP 8 以掃把掃，使沙子充分填滿接縫。

STEP 9 紅磚小徑完成，最後澆水使沙子更加凝固。

各式各樣的小技巧

舒適的花圃

想打造舒適的花圃，就需要栽種許多以自然掉落種子繁殖的一年生植物和宿根草，如此就能享有如大自然般的空間。可一邊想像著下個季節、一年後、三年後花圃的模樣，一邊整理花圃。

來打造花圃吧！

想要打造充滿花草的庭園時，就需要在空間中規畫出花圃的區域，使庭園具一致性。

花色以藍色和白色為主，其他鮮豔色彩的花只要不搶奪了藍、白花的光彩即可。

以高度營造層次感

遠處種植較高的花草、近眼前處則種植較矮的花草，以不同的高度安排，營造出層次分明的效果。

運用喜好的配色

花色以白、藍色系為主，並以黃色作為跳色。決定核心的色彩、重點的色彩也是一種技巧。

配合庭園的條件

庭園依場所的不同而有各種條件，如日照方式、通風方式、濕度狀況等。充分觀察這些條件，並打造相對應的花圃吧！

日照良好的場所

若是陽光充足、方便照料的場所，可試著栽種季節性開花的一年生植物。

庭園邊緣的圍籬下

即使是朝南的庭園，也會有圍籬正下方不容易曬到太陽的情況。這裡可栽種喜歡半陰涼的植物，就能享有觀賞花朵、葉子形狀和顏色的樂趣。

打造轉角處

和小徑一樣，使用紅磚來打造花圃。背後豎立的網格花架、中央設置的花槽、近眼前處的裝飾物件皆能將植物襯托出來。

圍籬下的狹長空間

圍籬下是方便打造成綠色地帶的場所。若是臨道路的圍籬外側，不僅容易照到陽光，也能讓路過行人享受綠意。

裝飾住家的牆面

住家牆壁是容易被忽略而變得單調的地方，建議選擇能搭配牆壁顏色的觀花和觀葉植物。

以圍繞的素材與形狀展演表情

依圍繞花圃所使用的材料和用法不同，花圃的表情也會有所改變。只要使用有趣的素材與形狀，就能提升花圃的存在感。在材料的放置和鋪排方式上花點工夫，就能展演打造者的個性。

利用素材

1 以天窗用的玻璃磚圈圍起來，讓枝葉茂盛的玉簪根部緊密地長在一起。

2 縱向放置復古磚，筆直的線條，使葉片細長的植物更顯魅力。

利用形狀

3 將立方體形狀的紅磚一塊塊地以灰泥接著起來，且接縫中的灰泥寬窄不一，別有一番趣味。

4 將紅磚斜著擺放，呈現山形尖角圍繞的模樣。其實只要花點心思，利用手邊的材料就能打造出如此有趣的例子。

利用組合

5 將天然石的一半以上埋入土中，其餘的則像冒出頭似地圈圍起來，與小徑上的砂石低調地融合在一起，讓所種的花草看起來更朝氣蓬勃。

試著打造花圃吧！

試著以不用灰泥的方式來打造花圃吧！由於建在淋不到雨、容易乾枯的屋簷下，為免乾枯，要經常充分地澆水。
混合種植宿根草和一年生植物，如桔梗、三色堇等，也就是這次種的植物花期結束後，再改種下一個季節的花草。

STEP 1
鏟除花圃位置的雜草，碎石和根都要清除乾淨。

STEP 2
充分整地。

STEP 3
在要鋪排磚塊處，均勻地撒上河沙。

STEP 4
鋪排紅磚。為排列出弧形曲線，以橫排與直排交錯方式放置紅磚，鋪排時要邊注意是否平衡。

STEP 5
以水平儀確認是否有鋪平，並增減河沙來調整高度，鋪排紅磚。

STEP 6
第一層完成時的模樣，第二層要和前一層錯開疊放，依此再疊上第三層。

STEP 7
第三層完成時的模樣。

STEP 8
花圃中加入土壤。這裡使用的是10袋（20L裝）市售的培養土（若要自行混合土壤詳見P.112）。

完成！

STEP 9
種入幼苗。最後將矮生麥冬分成小株，種入前面紅磚的縫隙間。

*本篇所使用的植物是細梗絡石、雪球植物、羊角葉、闊葉山麥冬、角百靈、苧麻、矮生麥冬。
**幼苗的栽種方法，詳見P.116、P.117。

打造高型花圃

高型花圃指的是將地面疊高的花圃。比起建在地面上的花圃，不但土壤的排水性比較好，日照和通風也會好上許多，還有方便進行換植等作業的優點。只要置換一些植物，庭園的風格也會瞬間改變。

將低矮植物種在一起，背景處放置多肉植物的組合，將景致聚攏合一。

以石頭和綠意打造出個性

以薄片復古磚堆砌而成，若植入呈垂狀的植物，壁面也能映出綠意。

以花彩飾庭園的角落

在庭園角落中直接栽種在地面的植物往往會給人寂寥的印象，只要將底部高度提高一些，植物就會往前生長，而容易引人注意。

試著打造高型花圃吧！

高型花圃，一般是以紅磚等先打造出格狀的基底，再填入泥土。這裡則要教你即使花槽都能放入的簡易式高型花圃。所使用的紅磚和花圍一樣，不以灰泥堆砌。換植時，可輕鬆地將花槽一起取出進行，日後需要翻新或拆除也很容易。

STEP 1　鏟除高型花圍位置的雜草，並整地。

STEP 2　在要鋪排磚塊處，均勻地撒上河沙。

STEP 3　鋪排紅磚。以水平儀確認是否有鋪平，並增減河沙來調整高度、鋪排紅磚。

STEP 4　磚塊鋪排到一定程度時，置入要放入的花槽，並沿著花槽的邊緣大小，鋪排剩下的紅磚。

STEP 5　第一層完成時的模樣，剛好符合花槽的邊緣大小。

STEP 6　第二層完成之後開始交錯疊放每一層，共疊出五層。

STEP 7　第五層完成，並放入花槽的模樣。

STEP 8　在花槽中加入土壤。這裡使用的是3袋（25L裝）市售的培養土（若要自行混合土壤請詳見P.112）。

完成！

STEP 9　種入幼苗後即完成。

*本篇所使用的植物是細梗絡石、桔梗、三色堇、闊葉山麥冬。
**幼苗的栽種方法，詳見P.116、P.117。

圍籬 & 牆壁下

圍籬或牆壁下常會有些空出來的零碎空間，只要用點心，這裡也能成為漂亮的植栽帶，成為連結建物與庭院，珍貴的綠色空間。就來種些適合這種環境的植物吧！特別要提醒的是，若是栽種在屋簷下，則需要留意其不容易淋到雨、容易乾燥的特性，挑選適合的植物。

來打造植栽空間吧！

不必特地作個花圃，就算只有一點零碎空間，也能成為植栽場域。接下來介紹幾個「連這樣的地方都能利用」的點子。

除了高度不同的植物之外，在其中放張椅子就能作出變化。

栽種能襯托出
背景的植物

在灰色牆面前栽種許多開白花和長銀葉植物，不但襯托出背景，也增添了立體感。

以筆直高聳的植物
作出變化

橫線條的木製柵欄前，可種植筆挺有力、直線條的木賊，作出變化。

遮蓋建築物外牆底部的髒污

建築物的外牆底部容易因為雨水濺起而出現明顯的髒污，遇到這種狀況時，則可以植物遮蓋起來。

樹下＆廊道下

樹下與廊道下前側，也常會有些空出來的零碎空間。此處的環境就不用說了，最好用心選擇能營造氣氛的植物。建議一邊看以下介紹的實例，一邊想像如果沒有這些植物時的情景，就會發現植物的存在感，的確令人驚嘆。

有效地配置色彩不同的彩葉植物和有細長葉片的草類。

在樹根處
種植山野草

在雜木的根部位置種植山野草，如此經典的組合，總是令人心情愉快。這裡種植的是聖誕玫瑰，不但花期長，葉片也很漂亮。

在樹下種植
可愛花草

在停車場內種樹，並在樹下種滿可愛的開花與觀葉植物，形成令人心情放鬆的空間。

在廊道下種植
迎風搖曳的花草

從廊道邊緣延伸出來的空間，為避免氣氛變得沉重，最好在斑葉植物中栽種葉子具律動感的草類。

遮蓋樹根
周邊的泥土

長出好幾株樹木的根部與草皮之間會露出泥土，在這個地方種植樹下花草，不但能遮蓋，也能將草皮和樹木連結在一起。

取代停車場的屋頂

在停車場的上方搭設涼棚，讓蔓性玫瑰攀爬其上，形成華麗的前庭園。

蔓性植物攀爬
打造立體感

鐵製涼亭的上方攀爬著玫瑰和鐵線蓮等，下方則放置一張椅子，讓人倘徉在綠意之下，度過悠閒時光。

以涼棚＆涼亭
製造出深度

涼棚是以格狀的方式組合木條而成的造型架構，而涼亭則是西式的涼亭。藉由它們就可以立體地打造出風景，為庭園帶來深邃感，棚下也可以設計成休閒空間。

拱門是蔓性植物的最佳舞台。

造型架構的活用法

正因為是小型庭園，造型構架可以發揮的效果更大。想要打造出美麗的庭園場景，就借助造型構架的力量吧！

打造私密空間

在涼棚下設置休閒椅，並以喜歡的花盆和裝飾物件作綴飾，打造出視線隱蔽的放鬆空間。

取代狹窄通道的屋頂

通道上方的涼棚爬滿蔓性植物，猶如屋頂般將通道覆蓋起來，但即使如此，還是能照入充足的光線。

取代大門

在主要庭園的入口設置拱門，既不像真正的門那樣具有壓迫感，也能充分傳達出入口的意象。

充滿手作感

以整地時出現的木材，手工慢慢搭建起來的涼棚，成為庭園的象徵物。

配合庭園的風格刷油漆

將層層的拱門粉刷成藍色，走過其下，令人感受到彷彿在海邊度假村的氛圍。

漆成藍色的拱門狀涼棚,與背景的綠色形成強烈的對比。

通往庭園深處階梯入口的拱門,扮演著提示步行的人,從這裡開始場景即將轉換的角色。

在木製柵欄前,使用同樣風格的木材打造涼棚,不但使整體具一致性,也將攀爬植物和栽種在地面的植物串連在一起。

💡 **參考看看吧!**

這裡介紹幾個將造型構架運用得很好的例子。
可參考看看它們與庭園背景之間的關係及打造出來的風景。

以三根柱子打造涼棚,在有限的空間中,呈放射狀的天井線條,為空間帶來更寬廣的視覺效果。

設在小徑盡頭的涼棚,下方打造了一張休閒椅,吸引人在此短暫地小憩片刻。

兼具機能與設計性

將常用的物品收納在小屋外「看得見的收納」的空間中，讓小屋兼具機能與設計性。

完全融入整個庭園中

攀爬在木製圍籬上的蔓性植物，順勢爬滿在細節上耐人尋味的小屋屋頂。

粉刷明亮的色彩

色彩明亮的小屋將緊鄰的針葉樹林襯托得更加神秘暗沉，扮演著凝聚庭園奇幻氛圍的角色。

收納庭園工具
用品的小屋

收納庭園工具用品的木製小屋，稱為garden shed，兼具收納和成為視覺焦點的作用。若一開始就設置，小屋就需要配合庭園打造；若是最後才打造，則自然地會成為適合庭園的小屋。

小屋的存在，為庭園增加了故事性。

花心思展示植物

打造角落

打造角落時，可先從利用植物和雜貨，好好布置成美麗又具風格的背景作起。磨練好這些技巧，慢慢增加角落的布置能力，就有助於提升整個庭園的設計能力。就將這些巧思納為打造庭園時的參考吧！

打造喜愛的
角落

將喜愛的組合和吊掛式盆栽集中在工作台上。

以椅子和小物
愉快地布置

利用壁面和高低差打造而成的角落，其中的椅子成為吸睛的焦點。

手工製的裝飾棚架

在露台的角落擺放裝飾棚架，將花盆放在棚架上，依季節替換不同的植物。

將植物以吊掛、懸掛、平放等方式立體地展現出來。

即使質樸無華也能散發出品味

在木片包覆的高型花圃中隨興地栽種植物，白色、綠色和褐色形成絕妙的平衡，品味之高，令人折服。

植物和小物＆花盆的搭配

圍籬下和屋簷下的交錯處等較難布置的地方，可利用迎風搖曳的樹枝、小花、花草、小物，就能打造出美麗的場面。

小型展示空間

1 在復古鐵椅上擺放與鏽蝕風格相襯的聖誕玫瑰。

2 木製露台上的多肉植物，以美麗的石頭強調其存在感，也可搭配與多肉的柔軟感相襯的松果等。

3 以木片包覆高型花圃，自製成角落棚架。只是隨興地擺上一些盆栽，就非常好看。

4 在小小的角落裡，擺放裝飾著植物的復古風灑水壺，背景的畫框也是吸睛的重點。

5 以庭園小徑施工剩下的大谷石打造花圃，並搭配以提籃、花道用水盤等為花盆，與周邊氛圍相襯的盆栽，實在令人賞心悅目。

花盆的創意

花盆的選擇也考驗著庭園設計的
能力。只要挑選好看的花盆，就
會立即成為吸睛的重點。話雖如
此，植物還是庭園的主角，因此
如何讓它們融於風景中而不過於
搶戲也很重要。

種植樹木

刻意將樹木種植在大型花盆裡，並在樹的基部位
置栽種垂綴植物，花盆前方則種植樹下花草，如
此就能與庭園連接在一起。

在水缽種植

以儲水的水缽種植不會遮住水面的水生植物，再
適合不過了，擱在一旁的水瓢也是亮點。

栽種喜歡水分的植物

特別將喜歡水分的植物栽種在像玻璃水瓶瓶口的
花盆裡。因為花盆造型的關係，即使水分過多，
也能自然地排出去。

前庭園也要種植

將栽種著季節性花草的花盆和花槽，在花開的季節時移至前庭
園。讓訪客和路過行人都能愉悅地觀賞。

蘊含深意的盆栽世界

方便移動的花盆，可享受到處擺設的樂趣。一盆花草也相當是一座庭園的濃縮。試著享受一下花盆與植物、擺放場所的搭配樂趣吧！

將野草隨意種入提籃裡

可愛的迷你盆栽

1 提籃中種入多肉植物，製造出放入滿滿蔬菜的氛圍。
2 小型的復古灑水壺中，襯托出多肉植物的鮮綠。
3 在小型花盆中栽種花朵可愛的球根植物，給人濃縮版庭園世界的感覺。
4 利用階梯的段差，擺放垂綴生長的斑葉植物，其葉片映襯在白色背景上，更顯出色。
5 像垂柳的枝葉般往下伸展的串錢藤。

往下垂墜

吊飾在屋內

裝飾在屋內

6 從吊籃花盆裡滿溢出來的植物，外形和顏色的搭配都很相襯。
7 6的上方再加掛一只水生植物的吊籃。
8 將多肉植物盆栽擺放在古董蛋糕架上，不論植物、花盆、蛋糕架皆呈現一致的色調。
9 在與窗框顏色相襯的花盆裡種植可愛的圓葉椒草。
10 從放置在平台上的花盆，就能看見絕妙的綠意平衡。小物和植物的搭配也十分契合。

草皮的鋪法

雖然有播種培育草皮的方法，但鋪設整片草皮的方法更簡單。若是鋪結縷草等日本草皮，春天至初夏是最適合的時期，且需要鋪在日照與通風良好的地方。

STEP 1　準備鏟子、鋤頭等整地工具、掃把、追肥、草皮（切塊狀）。

STEP 2　挖出約10cm的泥土，清除裡面的碎石和草根等，將泥土表面整平。

STEP 3　貼草皮處鋪上一層追肥（這裡使用的是長效肥料）。

STEP 4　貼草皮的位置全部鋪好追肥的模樣。

STEP 5　將切成塊狀的草皮一片片鋪排。

STEP 6　草皮之間稍微留點縫隙，依序將草皮鋪好。

STEP 7　想鋪草皮的地方全部鋪好塊狀草皮的模樣。

STEP 8　從草皮上方撒追肥，掃除多餘的部分，並充分澆水。

完成！

CHAPTER 5

打造庭園的基礎 &
照顧植物的方法

本章彙整在打造庭園上必要的工具和應事先了解的基本知識。
正因為好不容易才將植物們培養得生意盎然，打造出美麗庭園，
更需要好好地維持與照顧。
只要作業習慣了，照顧植物也是一種樂趣。

庭園工具① 植物的照顧工具

Tools for gardening

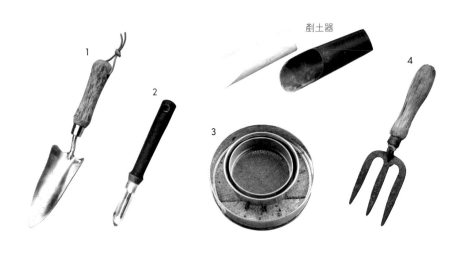

劇土器

✒ 整地

1 移植鏝
用來挖掘栽種幼苗或球根的洞，或翻動、疏鬆
土地不大的場所。

2 迷你移植鏝
常用於更小範圍的土地，用來維護小型盆栽也
很方便。

3 篩具
除了過篩土壤之外，也用於濾除土壤中的石頭
和垃圾。

4 三爪耙
挖掘較硬的地面時，耙鬆泥土時使用。

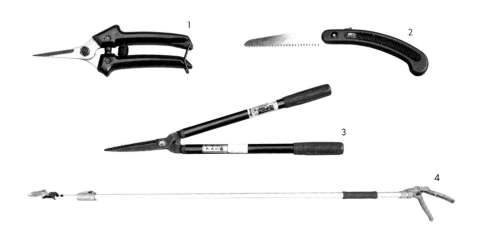

✂ 修剪

1 花剪
能剪斷直徑2cm左右的枝條，其尖端部分可用
來修剪較密合的枝條。

2 園藝鋸
用來鋸斷直徑2cm以上的枝條，刀刃呈細長
狀，即使是小小的縫隙也能深入修剪。

3 整枝剪
用來修整庭園樹木和樹籬的形狀。兩手握著，
以滑動的方式使用。

4 高枝剪
要剪斷高處的枝幹，或採收果樹上的果實時使
用的剪刀。

How to use

移植鏝的用法

好好使用尖端
挖掘時要將移植鏝的尖端刺
入泥土中。使用時需要注意
不要傷到植物的根。

具刻度標示
在挖掘栽種球根的洞時，會
很有幫助。當挖到一定深度
時，就能知道已挖得多深。

以下介紹培育、照料植物時使用的工具。雖然只要在必要時，慢慢地收集必要的工具即可，
但有時使用自己喜歡的工具照顧庭園還是比較有趣吧！只要使用起來漸漸順手，它就會成為
你在照顧庭園時必要的工具。

🫖 澆水

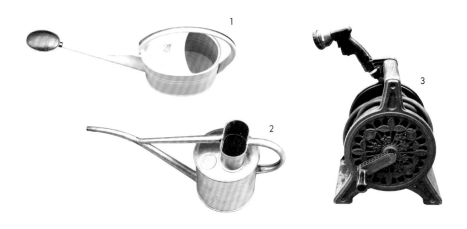

1 灑水壺
用來澆水或施液肥。蓮蓬頭網目出水細密，且
可以拆下，作為直接澆灌使用。

2 澆水壺
可針對狹窄處澆水，若只是在植栽根部、葉片
上或盆栽澆水時，就很方便。

3 水管車
像捲線器般方便移動和收納，也附有可暫停與
調節水量的灑水噴頭。

🍃 其他

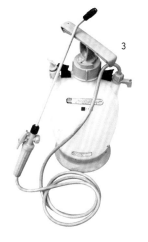

1 園藝手套
接觸帶土、有刺的植物時，戴上專用手套，比
較安全。

2 繩子
庭園用的繩子，方便用來固定支柱等多用途，
平時可放在隨手拿得到的地方。

3 噴霧器
用來噴灑霧狀的藥劑，建議準備簡單輕便的園
藝用噴霧器。

4 植物名牌
用來寫上植物名稱與栽種日期等，對隔年的植
栽計畫會很有幫助。

How to use
三爪耙的用法

插入植物根部
將三爪耙插入能挖起整個根
部的位置，就能不弄傷根部
地，挖起植栽。

往上鏟起
利用槓桿原理，直接將三爪
耙的頭往上鏟起，就能連根
將植物挖出來，也可用於除
草。

庭園工具② 打造庭園的工具

Tools for gardening

⚒ 鏟子・鍬・耙

1 掃把
竹製的掃把用來清掃落葉，塑膠或棕櫚製的則用來清掃地面。

2 鏟子
在鏟起泥土或耕土時使用，有些頭是尖的、有些則是四角形。

3 鍬
耕土、壓平泥土或盛土時使用，鍬頭也有各式各樣的形狀。

4 鋤頭
也稱為立鋤，在將泥土壓平或聚集起來時使用，也可用於除草。

5 耙
像梳子一樣，排列著好幾根尖刺，可用於耕土或將泥土整平。

6 槌
可用於敲打支撐樹木的支柱等。

7 支柱
用於有必要加支柱固定的樹木，也有低矮樹木和花草用的支柱。

How to use
鏟子的用法

加上身體的重量
將鏟子垂直立於地面，以慣用的單腳踩在鏟面上方。加上身體的重量，將鏟子深入泥土裡。

鏟起泥土
將鏟子的木柄往下倒，靠著地面握住鏟柄，利用槓桿原理，將泥土往上鏟起。

自行打造庭園時，或要接手管理園藝家打造的庭園時，最好備齊打造庭園最基本的工具。若是DIY族群，也可以配合庭園的氣氛自己打造涼棚、作業台等，一定非常有趣。就慢慢地備齊必要的工具和用品吧！

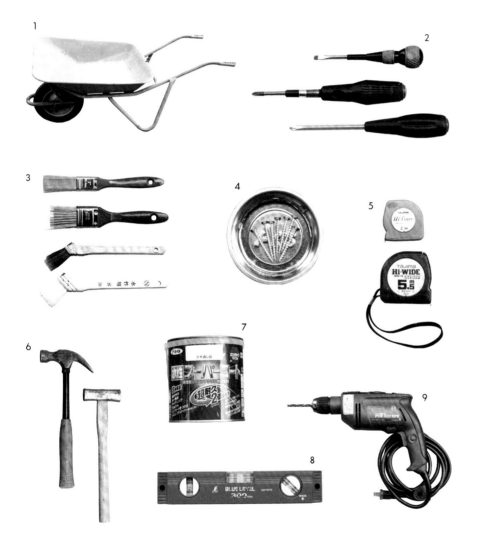

↖ DIY用品

1　單輪手推車
可以一次載運資材和剪下的樹枝等，十分重要。

2　螺絲起子
組合園藝家具，或DIY時使用。

3　油漆刷
粉刷油漆時使用，建議配合油漆的性質，選擇適當的刷子。

4　釘子
搭配鎚子一起使用，最好準備幾種不同的尺寸。

5　捲尺
設置花圃等時，要先丈量設置面的尺寸，才能知道需要準備多少資材。

6　鎚子
除了製作家具外，修補物品時也會用到。砌磚時則會用到橡膠製的鎚子。

7　油漆
自行粉刷出自我風格的園藝家具、花盆等，就能營造出氛圍。

8　水平儀
確認水平與垂直的工具，鋪磚或砌磚時必備。

9　電鑽
藉由更換裝在前端的鑽頭，就可用來鑽洞或加裝螺絲。

How to use
鋤頭的用法

耕耘、壓平
和一般的鍬一樣，用來耕土、壓平泥土，三邊和各個角都能派上用場。

除草
將鋤頭立起來使用，就能除草。既能除草又能整地，只要有根鋤頭就能完成大部分的整地工作。

製作能種好植物的土壤

How to make the soil

確認土壤性質
若有必要就進行改良

植物必須在土裡生根，從土中吸收水分、養分和氧氣，才能成長。因此對植物而言，土裡要有適當的水分，含有好的養分、通氣性良好。並非庭園所有的地方都必須整地，了解要栽種、預定栽種植物地方的土壤特性之後，若有必要再進行改良即可。

改良土壤時，要在基本用土上添加改良用土。若是新手，建議直接使用已混合好的培養土。培養土大部分都含有基肥（種植時施予的肥料），但也有不含基肥的。便宜貨有時會出現品質不良的情況，需要特別小心。

市售用土

—— 基本用土 ——

黑土	含有機物、保水性良好，但通氣性‧排水性差，因此需要添加改良用土和肥料。
赤玉土	將火山灰土乾燥後，呈顆粒狀的土壤。通氣性、排水性、保水性都很好。
鹿沼土	質地疏鬆的黃色顆粒狀土壤。通氣性、排水性佳，但適合喜歡酸性的植物。
風化花崗岩土	花崗岩風化了的土壤。保水性佳，但通氣性差，也沒什麼養分，所以要添加改良用土和肥料。
浮石	火山性的砂礫。通氣性、排水性佳，可當盆底石或混入泥土中使用。

—— 改良用土 ——

堆肥肥	樹皮碎片、牛糞等發酵所形成的肥料。
腐植土	闊葉樹的落葉等腐爛發酵所形成的堆肥。具良好的通氣、保水性，但不足以直接當作肥料。
泥炭土	水苔堆積泥炭化所產生的土壤。具良好的通氣、保水性等，常與真珠石、蛭石等混合使用。
碳化稻殼	將稻殼燒成炭所形成的土壤。具良好的通氣、保水性等，用於防止根的腐爛。屬鹼性，所以必須混合酸性土壤。
真珠石	屬於天然石灰岩的一種，經人工處理過的多孔質白色砂礫。通氣、排水性良好，質輕。
蛭石	蛭石經高溫燒製膨脹而成的人工用土。質輕，具良好的通氣、保水性。
珪酸鹽白土	以高溫燒珪藻土成為顆粒狀的用土，用於防止根部腐爛及促進根部生長。
沸石	由於是多孔質，所以通氣性、排水性、保肥性良好。可防止根部腐爛。

⚲ 檢視一下自家庭園的特性吧！

[排水性]

想要瞭解庭園土壤的排水性，可在雨後去接觸一下土壤，檢視土壤的濕度狀況、及庭園是否產生水窪，就能大致明白排水是否良好。晴天時就試著挖掘少許的泥土後澆水，也能知道大概的排水情況。

[酸性]

大部分植物都喜歡pH5.5至6.5左右的弱酸性土壤。不論是酸性高或鹼性高，養分與微量元素的吸收都會變差，因此要先以pH酸鹼測試液檢測一下。

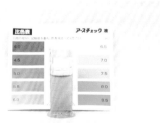

以pH酸鹼測試液
進行檢測

將受檢測場所的土壤和自來水混合，以上層清液作檢測。酸性越強，紅色越深，而鹼性越強，綠色就越深。圖片中的檢測結果是弱酸性，是適合植物酸度的土壤。

想要種出生氣蓬勃的植物，作為基底的土壤就必須很豐富才行。首先，要瞭解自家
庭園的土壤狀態，藉由這樣的前置作業，才能打造出讓植物健康生長的環境，享受
花期長、花朵盛開的庭園景致。

製作庭園用的土壤

土質偏酸性時

庭園土質酸性化時，要以石灰等土壤改良劑作調整。想將pH值提高1.0時，則每10L加入10g左右的石灰，在栽種植物的一個月前就要進行調整。

排水性不佳時

排水不佳的土壤，植物的根容易腐壞，因此要盡可能地深耕，並放入排水良好的泥炭土、真珠石，並添加堆肥等有機質肥料。

想要改善土質時

若是貧瘠的土地，就要提升土壤的品質。好好地耕土，每1㎡撒上10至20L左右的堆肥或腐植土，充分拌勻。

土質難以改良時

若像住宅區建地等的土已難以改良時，置換從別處移來的土壤也是方法之一。挖出30至50cm左右的土，將新的質地良好的土放入其中混勻。若是花圃等，則可在圈圍的範圍裡全部放入良質土。

製作盆栽用的土壤

*種植場所為靠近山區、蟲多的陽台。

STEP 1

在真珠石、蛭石、添加具防蟲效果的印度楝的堆肥中，混入粉末狀的藥劑。

STEP 2

加入化學肥料，充分混勻。

STEP 3

加入可防根部腐爛、提高保肥性的珪酸鹽白土。

STEP 4

進一步充分混勻後便完成。可配合放置盆栽位置的環境，混入必要的量。

【 打 造 庭 園 的 基 礎 】

施肥

Fertilizer

對植物而言，肥料是非常重要的營養成分。話雖如此，並不是施予很多肥料就是好的。肥料給得太多，會傷害植物的根，使其容易生病。對植物而言，在適當時期施予適當的量，才是關鍵。

依照不同的植物分開使用

可多加參考、比較。

肥料依分類有各種不同的稱法，整理如下。依成分，可分為有機質肥料、化學肥料。依施肥時期，可分為基肥（種植時施的肥）、追肥（因應生長追加的肥料）。依肥料的型態，則可分為液體肥料、固態肥料。依效果，可分為速效性肥料、長效性肥料。

氮、磷酸、鉀是植物生長不可欠缺的營養成分，因此被稱為肥料三大要素。氮可使葉、莖、枝、根長大。磷酸有助於開花和結果，即能讓植物好好開花、長果實。鉀則能使根和莖長得粗壯。由於有各種成分比例，好好選擇適合植物的肥料。市售的肥料，一定會載明成分比例，購買前好好確認。

施肥方法

〔 樹木 〕

花期結束後施肥。肥料不要直接接觸植株，以樹為中心呈圓形般（樹葉茂密生長的最外側正下方）挖幾個土洞。

各土洞中分別放入固態的長效性肥料（圖片中是油渣餅），再以土掩埋起來。

〔 花草 〕

固態肥料埋在離植株稍有點距離的地方，液體肥料則溶於灑水壺裡的水，在澆水時灑入。粉狀肥料則是在澆水前施放，再直接進行澆水。

肥料的種類和用法

種類	特徵	效用	用法
有機質肥料	油渣餅、骨粉、牛糞、雞糞、堆肥、草木灰等動植物為原料的肥料，對植物和環境都友善。	分解緩慢、效用長	基肥・追肥
化學肥料	化學合成的肥料，有速效性和長效性之分。種類很多，因此可依不同目的使用，並遵守適量的原則。	固態 … 分解慢、效用長 顆粒・粉狀 … 較快發揮效用 液態 … 快速發揮效用	固態 … 基肥・置肥 顆粒・粉狀 … 基肥・追肥 液態 … 追肥

植物的種類

Types of plant

植物的分類如下圖。想瞭解各種植物能因應的環境、植物的特性時，這分類就變得很重要。這分類在構思庭園時，還能成為「要種在哪裡？種幾株什麼樣的植物？」等的參考依據。

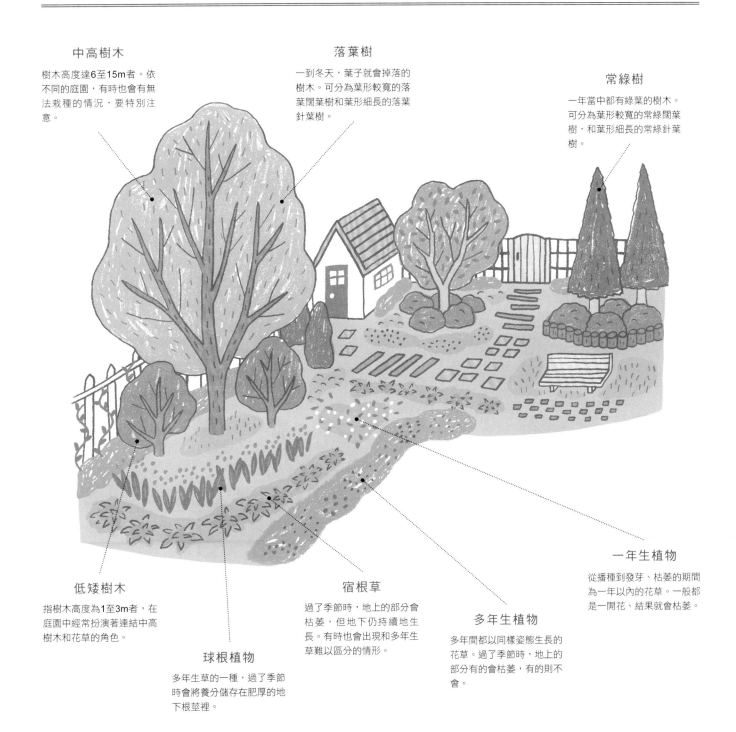

中高樹木

樹木高度達6至15m者。依不同的庭園，有時也會有無法栽種的情況，要特別注意。

落葉樹

一到冬天，葉子就會掉落的樹木。可分為葉形較寬的落葉闊葉樹和葉形細長的落葉針葉樹。

常綠樹

一年當中都有綠葉的樹木。可分為葉形較寬的常綠闊葉樹，和葉形細長的常綠針葉樹。

低矮樹木

指樹木高度為1至3m者，在庭園中經常扮演著連結中高樹木和花草的角色。

球根植物

多年生草的一種，過了季節時會將養分儲存在肥厚的地下根莖裡。

宿根草

過了季節時，地上的部分會枯萎，但地下仍持續地生長。有時也會出現和多年生草難以區分的情形。

多年生植物

多年間都以同樣姿態生長的花草。過了季節時，地上的部分有的會枯萎，有的則不會。

一年生植物

從播種到發芽、枯萎的期間為一年以內的花草。一般都是一開花、結果就會枯萎。

【 植 物 的 照 護 法 】

一年生植物

Annual plants

會開形形色色的花，魅力十足的植物。需要悉心照顧，生長期間短，以自然掉落地上的種子繁殖，除了自然生長的情況之外，有時也有換植的必要，從這些部分看來，是能讓人感受到季節感的植物。

挑選方法

若是新手，與其撒種子栽培，不如購買幼苗來種，比較不會失敗。若購買種在塑膠盆中的幼苗，需要挑選莖長得挺立、節與節之間扎實的為佳。葉片也要生氣蓬勃，沒有枯葉的。確認是否有長蟲也很重要。與其選擇栽種時期的，不如挑選正值栽種新上市的，不但品種多，也比較能找到品質好的幼苗。

照護重點

由於生長快速，所以需要不斷施肥。直到開花前或開始開花後的7至10天，至少要施肥一次。可趁澆水的機會，一起施予液體肥料。每種花的花序並不一樣。原則上，在花期結束、種子長出來之前，就要剪除花梗。將養分留下供給側芽生長，才會不斷地開花。當花期結束後，可不要放任不管，而必須盡早換植成下一季的植物。

播種方式

STEP 1

花盆中放入培養土。

STEP 2

以指尖挖出土洞，放入三顆種子。

STEP 3

覆蓋上泥土。當幼苗長大，需要疏苗的同時，也可換盆或移植到地面上。

栽種方式

STEP 1

以移植鏝在要栽種的位置，挖出比塑膠盆稍大一點的土洞。

STEP 2

將培養土放入土洞底部和周邊。

STEP 3

從塑膠盆中取出幼苗放入，將土埋回去。由於開著花，所以不要將根捏散了。

【 植 物 的 照 護 法 】

宿根草・多年生植物

Perennial plants

一旦種入，在個地方每年都會開花，讓人明顯感受到四季更迭。由於是不需要花太多時間照顧的植物，所以只要好好思考栽種之處，能與一年生植物共存即可。長大的植株，就有分株的必要。

照護重點

若過了季節，地上的部分有枯萎，就要在花期結束後摘除花梗，或等地上的部分完全枯萎後，從貼近地面處修剪枯萎的部分（切除莖）。其它地殘餘的部分，則再等花期結束後摘除花梗，進行施肥，新舊混雜的部分則可先修剪枝葉。

此外，休眠期間，雖然沒有施肥的必要，但要持續每五天澆水一次，每三年進行一次分株。

挑選方法

一般販賣的幼苗，有處於開花狀態和未開花的根株兩種。想立即就賞花，就選前者；想好好培育再體會花朵綻放的喜悅，則選後者。處於開花狀態的，不要被開花的數量所迷惑，反而要選擇有許多健康葉子的為佳。由於無花時期也很長，建議選擇能夠栽種在一起的植物作搭配。

栽種方式

STEP **1**

以鏟子挖土洞，在土洞底部與周邊放入堆肥。

STEP **2**

將宿根草的植株放入土洞中。

STEP **3**

堆肥放入土洞與幼苗的空隙間。

STEP **4**

覆蓋上堆肥和土壤，宿根草的植株就種好了。

① 白樹
② 羊角葉
③ 闊葉山麥冬
④ 白晶菊
⑤ 矮生麥冬
⑥ 細梗絡石

種植宿根草的位置

宿根草可以長時間栽種，所以若栽種在花圃，則需要種植在不妨礙其它一年生植物換植處。

【 植 物 的 照 護 法 】

球根植物

Bulbous plants

可分為在秋天種植、春天開花,及在春天種植、從夏天到秋天開花兩種。直到開花為止的養分都能自行儲存,不需要施肥,而且比其它植物還好照顧。因此,特別適合園藝新手。

挑選方法

長時間陳列在店面,有時會變得乾燥,或球根受損。所以購買時需要確認球根表面是否有損傷、凹痕或乾癟的狀況。表皮有光澤,拿在手裡感覺稍有重量的就是好的球根。也要避免買到已分球的球根。此外,除了單獨銷售的球根之外,也有在網路上捆綁銷售的球根,但即使是後者,也要盡可能作確認。

照護重點

球根不需要肥料。直到發芽、生根之前,也不需要澆水。若給予過多的水分,會使球根腐爛。球根植物要在一定程度的寒冷環境中才會生長,因此要種在戶外。只不過,球根若直接曝露在霜雪中,根會受傷,所以要避免霜害。花期結束後,就要施予鉀含量多的肥料。若發生葉子枯萎的狀況,則需要挖出球根,放在陰涼處,使之乾燥。

球根的栽種方式

STEP 1

栽種在排水及保水良好的土壤中。先將稍大顆球根的1/3埋在土裡。

STEP 2

間隔一些距離,放入另一個。

STEP 3

覆蓋上2至3cm的泥土,接下來,放入較小的球根。

STEP 4

若是簇生開花的類型,則種在同一位置也可以,上面覆蓋泥土。

注意!

栽種時,需要知道球根的種類,及開什麼顏色的花等資訊,所以,將球根從網袋中取出時,可先放在標籤上,作為查詢使用。

儲存方法

當花期結束、葉子和莖枯萎後,就要挖出來。在通風良好、陰涼處充分晾乾後,裝入網袋等當中,放在溫度較低且沒有陽光直射的地方保存,直到下個栽種期。適合春天栽種的球根中,有些不喜歡乾燥的環境,最好遵照標籤上的注意事項作保存。

【 植 物 的 照 護 法 】

樹木

Trees

庭園有樹木總會令人感到心情平靜。即使是狹小的庭園，只要花點心思，還是有種植樹木的可能。一旦栽種了，往往就很難換植。因此要充分考量，樹枝會不會容易長得雜亂、會不會長得太快等，以將來的情況作選擇，就能找出適合栽種的地方。

挑選方法

小樹苗通常是種在塑膠盆或花盆裡，大型樹木則是以麻布將根部裹捲起來販售。根部裸露出來的，通常會有損傷，所以要避免。選擇根部扎實、連包裹的布邊緣都長滿細根的比較好。整個檢視一圈，看看葉片和樹枝是否有沒長好的地方。也要挑選樹枝形狀適合庭園的樹木。

照護重點

不像花草需要經常照護。

若是出現長得太長的樹枝，就要在夏天進行梳理、剪枝。大型樹枝的剪枝，要在落葉後到隔年春天，樹木開始活躍之前進行。剪去會影響生長方向、長得雜亂的樹枝。通風良好也有助於預防病蟲害。若發現病蟲害要盡早清除，並作出各種對策。

樹木的種植方式

STEP 1

挖出比根缽*邊緣大一圈、深度10cm的土洞，土洞周邊撒入樹皮堆肥。

STEP 2

將裹著布的根部直接放入土洞中，調整樹木的方向，一邊將挖出來的土與樹皮堆肥混合一邊以土埋至根缽的肩部。

STEP 3

澆水，但不要直接澆到根缽，而是讓水從根缽的周圍滲入，這稱為水決（在植穴中澆水）。

STEP 4

確實在根缽周圍的各個角落澆水，讓水與土壤顆粒涵蓋住根缽，以便掩埋空隙。

STEP 5

以剩下的土在周邊築起土堤。

STEP 6

最後覆蓋上泥土。

*根缽：指整個根部帶土的部分。

【 植 物 的 照 護 法 】

庭園日誌 春至夏

Gardening calender / Spring - Summer

5月	4月	3月

花草・播種（春播）

花草・插枝

宿根草・追肥

宿根草・換植／分株

落葉樹・修剪

落葉樹・種植／換植

樹木・插枝

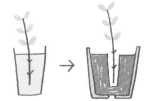

春植球根植物・種植

常綠樹・修剪

常綠樹・種植／換植

病蟲害對策

玫瑰・種新苗

玫瑰・開花後修剪

玫瑰・除芽

玫瑰・處理嫩枝

春天到夏天是植物非常生氣蓬勃的時期，有許多要作的事，如播種、種植、施肥、花的照護等。也要充分因應潮濕的梅雨季和夏天的酷熱，因此要注意澆水的次數與時間。

8月	7月	6月
		多年生植物・修剪
	樹木・插枝	
	夏植球根植物・種植	
	一年生植物・追肥	
	夏／秋植球根植物・挖起球根	
	樹木・追肥	
		梅雨對策
酷暑對策		
除草		

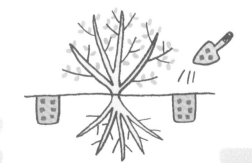

玫瑰・夏季修剪	玫瑰・採收果實後直接施肥
玫瑰・夏季追肥	玫瑰・插枝（綠枝插枝法）

【 植 物 的 照 護 法 】

庭園日誌 秋至冬

Gardening calender / Fall – Winter

11月	10月	9月

花草・播種（秋播）

秋植球根植物・種植

樹木・插枝

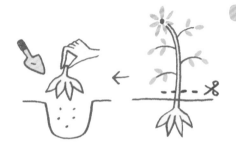

春植球根植物・挖起球根

宿根草・換植／分株

寒冷對策

病蟲害對策

玫瑰・開花後修剪

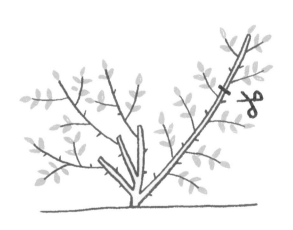

玫瑰・採收果實後直接施肥

天氣轉涼之後到隔年春天的準備工作會很忙碌，像是紅葉盛開之後需要修剪樹木、清掃落葉等都很
辛苦，但這也成了能夠感受季節氛圍的風物詩。

2月	1月	12月

宿根草・換植／分株

　　　　　　　落葉樹・修剪

落葉樹・種植／換植

樹木・插枝

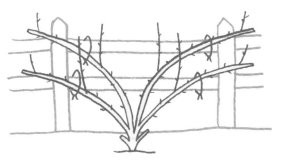

玫瑰・大苗種植

玫瑰・冬季修剪、蔓性玫瑰攀爬的引導

玫瑰・寒肥

玫瑰・插枝（休眠插枝法）

植物的繁殖法

How to increase plants

因為想栽培的植物很多，若全部都購買就會大傷荷包。其實不妨挑戰一下能自己簡單繁殖的植物。分球、分株也是取得植物的方式之一。將分株出來的植株再次培養長大，也非常有趣。

插枝

和插芽的意思一樣，以樹枝尖端來繁殖，因此稱為插枝。

STEP 1

整枝時，剪去嫩枝尖端的二至三節作為插枝。

STEP 2

將作為插枝的樹枝浸泡在植物活性劑中30分鐘，插入泥土前先塗抹發根劑。

STEP 3

在排水良好的用土挖小洞，並插枝。

STEP 4

當插枝長出根、長大一些時，就移植到有營養的土壤中。

插芽

剪下葉莖的尖芽，插在泥土中的繁殖方法。只要花點工夫，成功率非常高。

STEP 1

剪下附五至六片葉子的莖，置於植物活性劑中一星期，使其生根。

STEP 2

將發根劑塗抹在要埋入泥土的部分。

STEP 3

以單支免洗筷挖出小洞，將 **2** 插入土中。

STEP 4

插芽完成。插芽之後，在澆水時也要暫時施予活性劑。

分株

宿根草和多年生植物，每年都會長大。不僅生長位置會變狹小，也容易發生病蟲害，因此在移植的同時就要進行分株。

STEP 1

地上的部分枯萎之後，貼著地面剪去葉莖，以鏟子掘起植株。

STEP 2

以花剪在植株上剪開口。

STEP 3

沿著開口，以手將植株分開來。

STEP 4

將分開的植株種在和原先相同的土壤中，並嚴防強烈日曬和風雨直到生根為止。

分球

球根長得大又肥時，要掘起來分割繁殖，這就稱為分球。可分為自然分球和人工分球。

STEP 1

將移植鏝插入植物根部周邊，掘起球根。

STEP 2

已長出小球根，所以要將它們分開來。

STEP 3

不過於用力地將球根分開。

STEP 4

分成三株。移植到其他場所，或暫時種在花盆裡培養，再種在地面上。

【 植 物 的 照 護 法 】

病蟲害的徵兆

Sign of a pest

植物生病或發生蟲害時，花和葉子就會出現徵兆。可在澆水或進行日常照護時，從中觀察它們的模樣。萬一生病或發生蟲害時，則要特別留心，早期發現、早期治療。

植物生病或發生蟲害時的徵兆

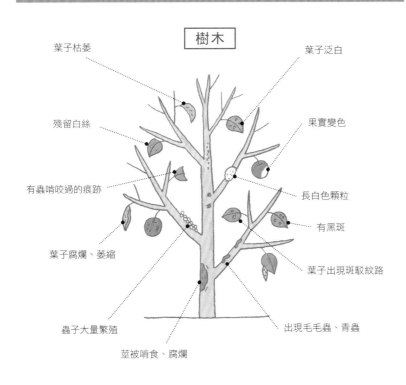

樹木

- 葉子枯萎
- 葉子泛白
- 殘留白絲
- 果實變色
- 有蟲啃咬過的痕跡
- 長白色顆粒
- 有黑斑
- 葉子腐爛、萎縮
- 葉子出現斑駁紋路
- 蟲子大量繁殖
- 出現毛毛蟲、青蟲
- 莖被啃食、腐爛

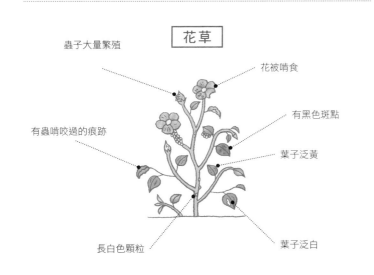

花草

- 蟲子大量繁殖
- 花被啃食
- 有黑色斑點
- 有蟲啃咬過的痕跡
- 葉子泛黃
- 葉子泛白
- 長白色顆粒

避免將害蟲帶進庭園與花盆裡

植物遭受病蟲害的第一個可能性，是從幼苗或用土侵入。因此在購買新幼苗時，要好好確認不容易看見的葉子背面等處是否生病、有害蟲潛伏或有蟲卵附在上面。也要避免一些形體弱小、色澤淺薄等不健康的幼苗。

另一個則是，若直接將種在塑膠盆或花盆的植物放在地上，害蟲就有可能鑽入。因此要在塑膠盆或花盆下墊紅磚等，將空間隔開。

土壤再利用時也要注意

換植時，若是重覆使用原來的土壤，就要特別注意。萬一有生病或殘留蟲的幼蟲等，就有可能傳染給接下來要種入的植物，而使情況一發不可收拾。若是使用庭園的土壤，就要在下次種植前，好好耕入新土進行改良，至少要曝露在風吹日曬之中一個星期。若是種在塑膠盆或花盆，下次要用的土也要經過熱水或曝曬消毒。消毒後，再依大，可以不用藥劑處理，只是要有

一發現就立即採取對策

一旦發現病蟲害，就要立即清除受害的部分。若受害的範圍不

避免將害蟲帶進庭園與花盆裡

需要加入腐植土或赤玉土等混合均勻。

在種植時，要讓栽種的植物植株之間保持一定距離，避免讓枝葉長得太茂密而混雜在一起。若長得太茂密而混雜在一起，就要進行修剪。若發現凋謝的花、枯萎的葉子等，也要立即摘除。

生病的部分則要整株拔除、處理掉。若受害的範圍漸漸擴大而不得不使用藥劑時，就要適當選擇藥劑。即使是同樣的病蟲害，依不同植物也會有使用不同藥劑的情形。進行噴撒藥劑時，也要避免對鄰居造成影響。

耐性地直到受害的部分徹底清除乾淨為止。生病的部分則要整株拔除、處理掉。若受害的範圍漸漸擴

病蟲害的對策

Pest measures

以下彙整容易在庭園中發生的蟲害與疾病。建議因應各種蟲子、疾病採取適當的對策。

		主要害蟲 & 對策		
害蟲名稱	易發生時期	症狀	對策	有效的主要藥劑
蚜蟲	春、秋	群生在嫩芽和葉莖上，吸食汁液。成為病毒性疾病的媒介。	仔細檢視葉子背面與莖等，一旦發現就清除。	可尼丁
介殼蟲	一整年	有白、黑色顆粒狀的蟲，吸食汁液，使植物衰弱。	以牙刷等刷除。	亞特松
毛毛蟲・青蟲	春至秋	囓食葉和花。接觸到皮膚，有時會引起發炎。	一發現就捕殺。	益滅賽寧・可尼丁
鼻涕蟲	一整年	囓食葉和花。	一發現就捕殺。會被啤酒吸引、聚集，所以可在附近灑一些。	聚乙醛粒劑
葉蟎	春至秋	長在葉片背面，吸食汁液。會使葉子泛白。	遇乾燥就容易出現。因此要在葉子背面澆水。	福瑞松粒劑・二硫松粒劑
夜盜蟲	春至秋	囓食花、花苞和葉子。	在牠們夜間活動時捕殺。	樂果

		主要病症 & 對策		
疾病名稱	易發生時期	症狀	對策	有效的主要藥劑
白粉病	春至秋	葉和莖生出白粉般的白色黴菌。	使通風良好。注意不要施太多油渣餅等氮肥。	免賴得
煤黴病	一整年	葉子背面長出黑色黴菌，就像煤黴一樣。	預防蚜蟲、介殼蟲等害蟲。	待克利
枯萎病	春至秋	從下方的葉子開始枯萎成黃色，不久就枯死。	連植株一起拔除、處理掉。	免賴得
軟腐病	夏	根部因為細菌而腐壞，並散發出臭味。	使排水、通風良好。發病後要連土一起處理掉。	多保鏈黴素可濕性粉劑
灰黴病	春、秋	花、葉、莖生出灰色的黴菌。	清除生病的部分。注意不要施太多氮肥。	撲滅寧可濕性粉劑・快得保淨混合可濕性粉劑
嵌紋病	春至秋	葉子出現斑駁紋路，且萎縮。	將發病的植株處理掉，並驅除、預防成為媒介的蚜蟲。	無有效的藥劑

\ 西尾流 /

「雜草」的活用法

庭園工作中最麻煩的就是除雜草。一般都認為雜草很礙眼，但其實還是有能和它們好好共存的庭園。建築家西尾春美的自家庭園就是一個例子。以下就要教你和雜草好好一起生活的訣竅。

1 活用自然生長的山野草

以為是雜草，但其實是有名字的山野草。其實仔細觀察，就會發現有許多山野草，也會開可愛的花。群生在一起時的情景，也非常漂亮。不要將它們當作是雜草，而是以山野草來栽培吧！

庭園中自然生長的紫蘇科金瘡小草。紫色的花很像三色菫，有著可愛的模樣。

透骨草科的匍莖通泉草。由於花長得像鷺，因此在日本被命名為紫鷺苔。

2 視為地被植物

即使是雜草，如果讓它們長到能鋪滿地面的程度，就是很棒的地被植物。而且有的耐陰性強、繁殖力旺盛，讓人省去栽種地被植物的工夫，非常方便。

夾竹桃科的小蔓長春花。耐陰性強，有些還會開出有斑紋的花。

三葉草，繁殖力強，也能防止其他雜草生長。

3 薹屬植物的利用法

由於薹屬植物會在樹木的根部處札根，形成優美的姿態，所以可以保留下來，繁殖太多時只要拔除即可。它還會長在斜坡、階梯等地方，既能擋土，也能作為美麗的觀賞植物。

葉子細長而優美的薹屬植物，種子會從抽出的穗中飛出，因此要在結穗前就先割除。

4 「自然掉落種子的樂園」 與「苗床」

自然掉落而自己發了芽的小草等不知名的植物就移到陰涼的畸零空間。還不能馬上栽種的幼苗，先放在「苗床」裡，即使暫時沒有空好好照顧，它們也會自己慢慢成長。

畸零空間成為自然掉落種子的樂園。只要是適合的環境，自然形成一片綠地。

撒入宿根草的種子，或插入樹木插枝的苗床，長大的植株就可移至庭園栽種。

GROUP PLANTING

and

HANGING

組合＆吊掛植物製作

若是小型庭園，組合與吊掛植物不僅能作為重點裝飾，也能構成庭園的一部分。本冊將介紹許多達人們的
know-how，讓你更能享受在庭園栽種組合和吊掛植物的樂趣。

庭園高手們將組合和吊掛植物優雅地融入庭園的
景色中，看看他們運用了哪些技巧和方法吧！

可以用來裝飾
庭園作業空間

庭園的作業空間，以組合和吊掛植物裝飾。容易雜
亂的作業空間，藉由裝飾性植物變得很清爽，連使
用的工具也會立即想要收拾乾淨。並排的花盆裡幾
乎都種著修剪植物時剪下來的插枝、插芽。培養到
一定程度，就可用於組合或吊掛植物。

花田般
彩葉的世界

庭園的角落，聚集著組合與吊掛植物。這裡刻意不
放入會開鮮豔花朵的植物，而是利用各種顏色的彩
葉植物，打造出如花田般的景象。在木製柵欄上
掛吊籃，將植物立體地呈現出來。因時間和季節而
條件變差時，就將花盆移到條件好的位置。

◢ 所使用的主要植物 ⟩

Rhodanthemum 'African Eyes'・三色菫（黑色）・聖
誕玫瑰・圓扇八寶・多肉植物的組合

◢ 所使用的主要植物 ⟩

Hosta-El Nino・Hosta 'Fire Island'・Tiarella Wherryi・
紫葉珊瑚鐘・聖誕玫瑰・鐵線蓮等

GROUP PLANTING *and* HANGING
映襯庭園的組合 & 吊掛植物

樹木也成群栽植
形成小型的雜木林

樹木也可愉快享受組合的樂趣。若是種落葉樹，就會形成小型雜木林。可體驗春天的新綠、夏天的樹蔭、秋天的紅葉。若種在大型花盆中，樹木也能長得很高大。移動大型花盆很不容易，因此可放在附輪腳的花台上。遇到颱風等惡劣的天候時，也能輕鬆地移動避難。

┌─ ▲ 所使用的主要植物 ─➤

姬銀小蠟．莢蓮屬植物．沙棗．銀葉相思樹．多花桉．聖潔莓

單調的階梯和牆壁
也變得豐富又多彩多姿

階梯不作任何裝飾，就會很乏味。但其實這裡也是觀賞組合的好地方。在階梯踏階擺放盆栽，就能在拾階而上時貼近觀賞。雖是難以加裝吊籃掛鉤的場所，但利用階梯的高低差就能展現具立體感的綠意空間。

┌─ ▲ 所使用的主要植物 ─➤

聖誕玫瑰．珊瑚鐘．惠利氏黃水枝．貝母

① 三葉繡線菊
② Geranium phaeum
③ Tiarella Wherryi
④ Geranium 'Jonson's Blue'
⑤ 蝴蝶戲珠花
⑥ Mitsudeiwahanagana
⑦ 天竺葵
⑧ 三葉草
⑨ 巧克力波斯菊
⑩ 五葉木通

準備
項目

幼苗‧花盆‧盆底網‧盆底石‧培
養土‧苔蘚。

By Misae akachi

以多年生植物為中心的組合，可長期維持這般姿態。

第一次組合植物，以培養土來種比較簡單！

像截取自森林林蔭般的組合，即使放在樹底下作為
山野草般的庭園，也不會格格不入。用於組合的用
土，若是新手，建議使用市售的培養土。雖然事先
已加入肥料，但栽種時還是要施加化學肥料（有關

肥料，詳見P.114）。從塑膠盆中取出幼苗，一般
會剝除部分泥土的肩部和根鬚後栽種。但正當開花
時期、夏天生長時期，或根會受傷時，就不剝除直
接栽種。

種植組合盆栽

01

具細微差異的花草

試著將不華麗卻自然、具細微差異的植物成群地栽種在一起吧！

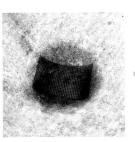

1 剪一塊能覆蓋住盆底孔洞的網子，鋪在盆底。

2 放入能完全遮住底面的盆底石。

3 將土放入花盆中。由於要一邊種一邊添加泥土，所以先放入少許泥土。這次是使用花草・球根用的培養土。

4 種入前，連塑膠容器一起放在泥土上，確認栽種的位置。

5 花盆最裡面種高一點的植物，近眼前處則配置會往下垂墜的植物。

6 從塑膠容器中取出要種在裡面的幼苗，放在泥土上，一邊添加泥土一邊抹平表面。

7 從塑膠容器中取出幼苗，避免傷到根部地種入。

8 大致種好時，在空隙處加入泥土並充分澆水。

9 將化學肥料撒在幼苗根部。若要葉子長得旺盛、開花，就要添加富含氮和磷酸的肥料。

10 泥土表面鋪上苔蘚。

11 以指尖將苔蘚壓進土中。

12 再一次充分澆水。

By Misae akachi

① 芝麻菜
② 山蘿蔔葉
③ 蝦夷蔥
④ 紅葉羅勒
⑤ 甜薰衣草
⑥ 平葉歐芹
⑦ 琉璃苣
⑧ 芥末
⑨ 甜羅勒

準備
項目

幼苗・花盆・盆底網・盆底石・培養土。

花也可放入沙拉中食用。

持續享受食用＆等待生長的樂趣

長得又高又長的芝麻菜是吸睛的重點。次高的琉璃苣碩大的葉子,能充分鞏固側邊,紅葉羅勒則扮演著使整體聚攏的角色。表情豐富的葉片能完全遮住高大香草植物的根部。這些是看起來十分美麗的植物,全部都能食用。只要採摘下來,葉子就會不斷地生長,達到循環採收的效果。是可食用、等待生長、反覆使用,令人覺得樂趣加倍的奇特組合。

02 利用香草植物

試著使用香草植物來組合吧！
不論是觀賞用或食用都十分有趣。

1 為了使用具高度的植物，在將土放入花盆前先預排一下。

2 盆底網放入花盆內。

3 放入盆底石。

4 培養土倒至花盆一半的高度。

5 從高度高的幼苗開始種入。先種芝麻菜。在不損傷根部下，輕輕剝掉一些泥土。

6 芝麻菜種在花盆的邊角。

7 由於幼苗很細，為使其固定，輕輕加入剩下的培養土。

8 接著將次高的琉璃苣種入花盆中。

9 繼續種入紅葉羅勒、甜薰衣草。比較高的植物種好時，加入泥土。

10 種入能遮住較高植物根部的植物。平葉歐芹的根非常緊密結實，因此要剝除一些。

11 種在甜薰衣草的根部旁。接著將剩下來的植物也移植過去，覆滿整個盆栽。

12 最後添加土壤，並充分澆水。

By Misae akochi

在一大片蔬菜中，以巧克力波斯菊產生律動感。

準備項目

幼苗・花盆・盆底網・盆底石・培養土。

① 芝麻菜
② 芥末
③ 西洋芹
④ 肯特奧勒岡
⑤ 巧克力波斯菊
⑥ 薰衣草
⑦ 甜羅勒

不同綠色層次與巧克力波斯菊的存在感，魅力十足

以西洋芹為中心的組合。一提到蔬菜就容易偏綠色，以白至淡綠色的奧勒岡減輕綠色的比重，芝麻菜的白花也成為焦點。從薰衣草的藍到芥末的深綠色，加上西洋芹、羅勒、奧勒岡等不同層次的綠色，給人和諧安定的感覺。巧克力波斯菊則成為將整體聚攏的角色。向外伸展的莖和開在尖端的小花與花苞，傳達出輕鬆的快樂蔬菜田意象。

03

利用蔬菜

蔬菜的組合若種得很漂亮，會比家庭菜園還更貼近自己。

1 放入土壤前，構思一下幼苗的擺放位置。從放入盆底網開始。

2 放入盆底石（輕石）。

3 培養土加到花盆1/3的高度。

4 將西洋芹的根弄散。

5 西洋芹種入花盆中央。

6 依序將奧勒岡、芝麻葉種在西洋芹的周邊。這些植物的根都不必弄鬆即可種入。

7 巧克力波斯菊種在花盆的角落。

8 種入薰衣草、芥末。

9 最後種入甜羅勒，將根部壓實。

By Koji Kusunoki

① 野漆
② 龍膽草
③ 日本當藥
④ 玉簪
⑤ 水蓼
⑥ 千島辣韭

幼苗·花盆·盆底網·盆栽用鐵絲·培養土·苔蘚。

野漆的紅葉，將龍膽草的藍花和黃葉襯托得更加明顯。

想像著未來花草的姿態，用心感受眼前的盆栽

使用充滿季節感的山野草，也可稱為草盆栽。野漆會開紅葉，龍膽草的葉子也會變黃。接下來，則栽種秋天會開小花的植物以穩固根部。泥土表面鋪苔蘚，不但可增添風情，也能防止乾燥。不久後花會謝掉，但若持續地照顧，一年之後，或許能看到同樣的各種植物稍微長大的景致。冬季期間，只要保持在不要完全沒水的程度即可。在會下霜的地區，則需要作好防寒措施。

利用山野草

組合也是小型庭園，在家就能觀賞到山裡紅葉的組合。
試著將季節濃縮在一個花盆裡吧！

1 盆栽用鐵絲剪成約8cm長，作成U字，如圖般穿入盆底網。

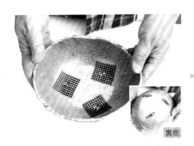

2 穿過花盆底的孔洞，在背面將各個鐵絲彎凹成U字，並固定。

裏側

3 只有野漆要剪開來種植。

4 避免傷到根，剝掉一些泥土。

5 所有要種入花盆中的植物，同樣地剝掉一些泥土。

6 花盆中放入少許的培養土，依序從最高的植物種入。

7 一邊種入幼苗，一邊慢慢加入泥土。

8 將根部也埋進土裡去，種入較矮的幼苗。

9 種入所有的幼苗後，將苔蘚鋪在泥土露出的部分，並充分澆水。

By Mitsuko Takuma

① 斑葉光蠟樹
② 馬丁尼大戟 'Blackbird'
③ 石菖蒲
④ 風箱果 'Diabolo'
⑤ 珊瑚鐘
⑥ 白雪木
⑦ 三色堇（淡色）
⑧ 紫色高麗菜
⑨ 黑色三葉草
⑩ 蔓性馬櫻丹（白花）
⑪ 輪花大戟 '銀色天鵝'
⑫ 彩桃木
⑬ 聖誕玫瑰
⑭ 巧克力波斯菊
⑮ 蕁麻葉澤蘭 ' 巧克力'
⑯ 西伯利亞海蔥（球根）
⑰ 葡萄風信子（白魔法）（球根）
⑱ 風鈴草（球根）

準備
項目

幼苗‧球根‧花盆‧盆底網‧盆底
石‧培養土‧防根腐劑‧防蟲劑‧
碳化稻殼‧化學肥料‧植物活性
劑。

從表情豐富的觀葉類植物中，窺見的花朵，非常可愛。

想像著花開時的模樣

一般會認為，球根植物很難放在組合中。或許真的
很難一邊想像花開時的樣子一邊種入，但正因為如
此，當植物能依照自己的想像或在意料之外生長，
花開時的喜悅一定難以言喻。不光是球根植物，也
可以想像一下，栽種在一起的其他植物會出現什麼
樣的變化。由於是栽種在靠近山的陽台上，所以花
了點工夫製作土壤，但如果為了方便，只將化學肥
料混入培養土中也是OK的。

05 | 利用球根植物

由於球根植物種入時都還未開花，因此要想像著花開的情景種入。

1 將防根腐材料、防蟲劑、碳化稻殼、化學肥料放入培養土中充分混勻。

2 花盆（這裡使用的是復古洗臉盆）裡，放置盆底網。

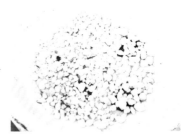

3 花盆裡放入盆底石，加入混合好的土。

4 將最高的斑葉光蠟樹種在花盆的最裡面。

5 光蠟樹旁則種聖誕玫瑰、馬丁尼大戟。

6 種入巧克力波斯菊，其前面則種入較矮的幼苗。

7 花盆近眼前處種植球根植物。將大型球根種好後加土，上面再種入小型球根。

8 在種植球根處覆蓋地種入黑色三葉草。

9 將三色堇、紫色高麗菜種在正面近眼前處。最後，充分澆淋添加植物活性劑的水。

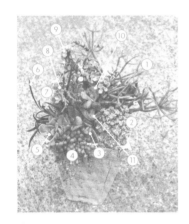

By Mitsuko Takuma

(1) 若紫
(2) 紅霜
(3) 月兔耳
(4) 綠之鈴
(5) 擬石蓮花
(6) 沿階草
(7) 白佛甲草
(8) 若綠
(9) 雅樂之舞
(10) 福娘
(11) 火祭

準備
項目

幼苗・花盆・盆底石・培養土・鹿沼土或真珠石・水苔・發根劑・防根腐劑・鐵絲（粗的・細的）

將帶圓型的植物和直線型的植物，搭配得恰到好處，且具有躍動感。

形狀 & 顏色各異的多肉植物齊聚一堂

利用具高度的花盆拉長深度種入往前垂墜的多肉植物。一次能觀賞到多肉植物形狀的多樣性。在一片綠色系中，沿階草的黑色反而成為吸睛的重點。雖然也可以將各種多肉植物直接種入花盆中，但藉由添加發根劑、裏捲水苔的方式，可使植物長得更朝氣蓬勃。不要澆太多水是培養的訣竅，只要在土表面變乾時，將水澆到水從盆底滲出即可。

利用多肉植物

不需花工夫照顧、形狀很獨特的多肉植物，試著打造出充滿個性的組合吧！

1 花盆裡放入3至5cm的盆底石。

2 培養土裡加入鹿沼土或真珠石，及一小撮防根腐劑，充分混勻。

3 將混勻的土放至花盆的七分滿。

4 剝掉附在若紫上的泥土。

5 以浸過水的水苔裏捲若紫的根，從上方捲一圈粗鐵絲。

6 可以捲緊一些。

7 以此狀態種入花盆裡。如此一來，當植物受傷時就能很快地直接取出。

8 以同樣方式種入其他多肉植物，並種入成為重點裝飾的沿階草。

9 以浸過發根劑的水苔裏捲紅霜，種入花盆裡。

10 接著種入多肉植物，再將發根劑直接添加在垂墜的綠之鈴根部。

11 先擺進花盆裡看看，若分量太多就進行分株，切下的地方也要添加發根劑。

12 細鐵絲凹成U字形，將綠之鈴垂掛在上面。以水苔填滿空隙。

組合技巧 **01**

喜好相同環境的植物合種

雖然想只依外觀來選擇植物，但若不是喜歡同樣的環境者，
照顧起來就很辛苦，也不容易栽培。

喜歡陽光的植物

會開許多花的植物，若日照不佳，花的數量就會減少。
有些植物在花期當中，必須充分曬到太陽。若其中混入
不喜歡陽光的植物，這些植物就會漸漸失去活力，整個
組合的氛圍也會隨之改變，所以還是將同樣喜歡陽光的
植物栽植在一起吧！

不喜歡強烈陽光的植物

簡單來說，就是不喜歡強烈的陽光，但也細分為喜歡微
弱陽光、需要半天日照及喜歡幾乎無日照的耐陰植物
等。若發現環境不適合就試著移動盆栽，但如果是植物
的特性原就與眾不同時，也會有即使移動了也長得不好
的情況，最好在購入前先研究清楚。

喜歡潮濕的植物

植物通常都不喜歡潮濕的地方，但喜歡濕氣的植物卻能
將這樣的地方改變成綠意盎然的空間，甚至生氣蓬勃到
令人驚訝。陰涼處通常會給人濕答答的印象，但同樣是
陰涼處，也會因為位在風的通道上而容易變得乾燥。在
放置盆栽前，最好先將環境條件研究清楚。

喜歡乾燥的植物

一個盆栽中的植物，幾乎不可能發生既要澆很多水又不
能給太多水的情況。有些植物會因澆太多水，而出現根
部腐爛的情況。這時，所需要的土壤性質也會不一樣。
因此要避免將性質相反的植物種在一起。

02

給人具設計感的印象

希望整體給人有品味的感覺時,就從打造出具設計感的風格作起吧!

形成茂密的球狀

讓整體變成大球似地
將幼苗均等配置

將幼苗均等地配置在中央和角落,就能使好幾種栽種在花盆裡的植物均等地長大。移植過去的盆子若是選用圓形或橢圓形的,小花小草比較容易長大、且呈球狀茂盛地生長,十分可愛。

加上高低落差

藉由縱向線條
使人感到生氣勃勃的動態感

在同一個花盆中,同時種入高矮不同的植物,較高植物的莖,能展現出直立線條,使人感受生氣勃勃的動態感,同時給人植物正在努力往上生長的印象。雖然是很簡單的手法,但也因此突顯出植物強大的生命力。

意識到花盆盆身的重要

視花盆盆身為畫布的一部分
盡情地享受植物所描繪的畫

比起只在花盆上展開設計,若將花盆盆身也當作畫布的一部分,更能製造律動感。在有高度或面積大的花盆盆身,栽種像是裝飾在盆身上的植物,就好比將植物的伸展力變成一隻筆,揮灑出一幅畫般有趣。

03

構思色彩搭配

一般在為花或葉進行配色時，一定覺得有趣，但如果想要進一步作其他嘗試，就先來好好瞭解理論吧！

利用互補色

By Tomomi Horikoshi

嘗試使用明亮色彩時，建議要搭配互補色。紅配綠、黃配紫，這樣的配色也會讓人印象深刻且具有對比的效果。只不過，有時必須視情況斟酌。在決定主角和配角的用色比例時，要注意配角不能搶奪了主角的光彩。

利用同色系

By Tomomi Horikoshi

若只使用單色、會顯得沒變化，但又沒把握使用太多顏色時，可嘗試以同色系作搭配。不只是花，葉子也試著統整為同色系，就能營造出優雅的氛圍，且不會失敗。

利用白色花

By Mitsuko Takuma

白色少

白色少時，白色就成為吸睛的重點，也具有使綠色更顯目的作用。若想要白色略少一些，可利用會開白色小花的植物或斑葉植物，比較容易調節分量。

By Mitsuko Takuma

白色多

白色具有連結色彩的作用，只要白色面積多一些，視覺就會變得強烈，也會使帶點趣味的花或葉子不至於太過顯眼，使用起來很方便。若是只以白色作統整的盆栽，也非常具魅力。

04

利用彩色葉子

近來，彩葉植物的種類大幅增加，也有看起來像花一樣的品種，就來好好利用吧！

色彩和模樣成為吸睛重點

彩葉的顏色和模樣越來越多樣化，有的很令人驚豔、有的有趣到令人百看不厭。即使不種開花植物，光憑彩葉植物也能打造出華麗的組合。

By Mitsuko Takuma

帶來動態感

栽種後若覺得缺少聚焦的重點時，只要種入葉子線條分明、色彩顯眼的彩葉植物，就能瞬間為整個盆栽風景帶來動態感，給人畫面在躍動的錯覺。

By Mitsuko Takuma

彩葉植物

珊瑚鐘

束草（莎草）

薜荔

細裂銀葉菊

斑葉蔓長春花

紅龍草

錦紫蘇

錦紫蘇

05

日常的照護

正因為是狹小的世界，因此更需要悉心照料。照護的同時，
也可順便觀察盆栽的健康狀況！

摘掉花梗

凋謝的花要勤勞地以手或剪刀慢慢地摘掉花梗，若放著不管就會長出種子，並吸收掉養分，使其他的花無法開花，且容易發生病蟲害。

修剪枝葉

枝葉若長出既定的範圍就會很顯眼，這時則要立即以花剪修剪。只留下數節附有葉子的枝葉，新芽就會從這裡更旺盛地生長。

移動盆栽

暴風雨前、日照過強或為了防寒等，就有必要移動盆栽。可利用方便移動大型盆栽的移動架。

施肥・病蟲害對策

會開很多花的植物，要在開花前與開始開花的1週至10天內以澆花的水稀釋後，以澆水方式施予一次液肥。

一發現植物生病或出現害蟲就要立即採取對策。若盡早處理，只要清除生病的部分和害蟲就能解決，若太晚處理受害處，就有必要使用藥劑。

06

更新盆栽

盆栽經過一段時間之後就會變樣，若是一年生植物就有必要
進行更換。這時，就試著進行更新吧！

部分更新

Before

After

By Mitsuko Takuma

1. 直接拔除曾是夏天主角的矮牽牛花枯枝，並清除其殘留的根。

2. 以拔除之後的土洞為中心，在留下的植物根部，施加化學肥料。

3. 土洞裡撒防蟲劑。

4. 加入防根腐劑，並與周邊的泥土充分混勻。

5. 新種入酸棗。

6. 再種入三色堇。

7. 在新種入植物的上方加泥土。

8. 剪掉長得太長的紫花野芝麻。剪下來的枝葉，以插芽方式用來加入下次的組合盆栽。

全部更新

Before

After

By Mitsuko Takuma

1 種了好幾年的宿根草已變得衰弱，因此一次全部解體，將所有的植物連同泥土從花盆裡取出。

2 使用三爪耙，將植物分離開來。

3 將長大的婆婆納再次拿來使用。為方便長出新芽，要剪掉大部分的根和葉子。

4 右邊是沿用舊盆栽可以繼續使用的植物，左邊裝在竹籃裡的是要新加入的植物。

5 花盆中放入培養土，從高大的植物開始種入。

6 添加明亮色彩的彩葉植物，打造出與之前完全不同的印象。

7 將發根劑塗抹在舊有的植物根部。

8 會成為冬天主角的帚石楠，由於其根部盤得很緊密結實，所以要稍微浸泡植物活性劑後，再剪掉根部。

9 最後，種入往下垂墜的長春藤，並在植物之間加入泥土。

Column

1

以花盆改變印象

即使是相同的植物，也會因種植的花盆不同而完全改變印象。建議可以試著尋找自己喜歡的花盆樣式。

SELECTION

即使是年代久遠的老舊物件、花盆，依使用者的品味，也能變身為獨一無二的花盆。

上‧左起：洗米籃／舊空罐／老銅鍋／舊馬口鐵水桶／保健室裡的舊洗臉盆和立架／下‧左起：帶柄勺子／廢料／舊瀝水籃

LET'S TRY!

也可利用周邊的物品DIY作成花盆，接下來就憑自己的美感來創造氛圍吧！

罐底打洞

準備空罐、鐵釘、鐵鎚。

將鐵釘貼放在罐底，以鐵鎚敲打出孔洞。

罐底打出幾個孔洞。

粉刷花盆

準備素燒花盆、棉手套、油漆、刷子。

依底部、側面的順序粉刷油漆。

花盆內側會露在泥土外面的部分也要粉刷。若以砂紙磨擦，就會產生使用過的復古味道。

① 錦紫蘇（綠色）
② 忍冬
③ 迷你日日春（Fairy Star）
④ 錦紫蘇（黑色）
⑤ 金毛菊
⑥ 矮牽牛

準備
項目

幼苗・花球壁盆・盆底石・培養土・水苔・放置壁盆的木台。

By Atsuko

明亮、生氣蓬勃的配色。彩色葉子更增添味道。

種入幼苗前先充分確認生長方向

使用適合打造出球形盆栽的花球壁盆。栽種前，先將所附的海綿貼在壁盆內側。種入壁盆前，要充分考慮植物的配置。由於會重疊好幾層，所以無法事後作修正。從分開的空隙中種入時，可充分思考朝哪個方向生長會比較漂亮，將幼苗畫圓式地轉動來調整。種好後1週到10天左右，花草會向上生長，整體就會變得勻稱。

種於花球壁盆

在花球壁盆中，栽種能妝點季節的明亮色彩花草。

1 幼苗在塑膠盆裡的狀態。

2 放入3cm左右高的盆底石，再加入泥土至條狀片與花盆底部接點的地方。

3 幼苗從塑膠盆中取出，剝掉肩部的土和根下部分，使其變細長到1/3程度。

4 由於要決定重心，所以從正中央扳開，種入幼苗。

5 將幼苗移到最下方。

6 同樣在隔壁的空隙中種入幼苗。依容易操作的方向，先往左或往右種入都可以。

7 第一排的植物全部種入的模樣。

8 第一排的幼苗上均勻地放入泥土，並填平。

9 第二排的植物全部種入的模樣，漸漸地呈現出球狀。

10 第二排的幼苗上均勻地放入泥土，盆裡已快要放滿泥土。

11 將第三排（頂部）的幼苗，整個呈球形般種入。從遠處看，調整形狀，再加入泥土。

12 輕輕擠乾已浸過水的水苔，將它們鋪在頂部表面。

By Mitsuko Takuma

枝葉像要從花盆中滿溢出來似的動態感，令觀賞者感受輕鬆愉快的氣氛。

準備
項目

幼苗・壁掛盆・盆底網・真珠石・蛭石・泥炭土・
防根腐劑・防蟲劑・腐植土・堆肥・水苔。

1 蠟菊 'Korma'
2 Coprosma Beatson's gold
3 三色菫
4 斑葉金錢薄荷
5 忍冬
6 長春藤
7 三色菫
8 三色菫
9 鐵絲網灌木

以配合栽種場所的植物與花盆，將想像具體化

種植前要先考量掛放的位置，再選擇花盆和植物。如這個案例所示，花盆外側的細鐵部分與細枝或藤蔓很搭，也與白色木製柵欄相互映襯。另外，種植壁掛式盆栽時，首先要考慮的是整個盆栽的重量。除了使用市售的吊掛用培養土之外，也要選擇泥炭土、蛭石等質輕的泥土作為主要用土。有時需要配合日照的場所，變換一下放置的場所。澆水時，要將水裝入大型容器中連同花盆一起澆淋，使整體充分吸收水分。

種植
壁掛盆栽

O2

栽種於壁掛盆

試著種在半圓形的壁掛盆中，注意不要讓花盆變得太重。

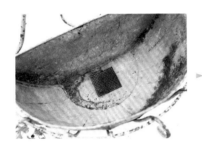

1 花盆裡放入盆底網。

2 放入質輕的真珠石約3cm左右。

3 加入蛭石、泥炭土、防根腐劑、防蟲劑、腐植土、堆肥等混合均勻，放入混勻的泥土到幼苗塑膠盆的高度。

4 最內側種入較高的幼苗。

5 種入成為吸睛重點的三色堇。

6 慢慢加入泥土，將整個花盆在地板上敲幾下，使泥土變平。

7 種入成為色彩重點的忍冬。

8 加入泥土，細微處以免洗筷的尖端撥入。

9 露出土的部分鋪入水苔。

HOW TO MAKE HANGING

01

壁掛植物的花盆 & 幼苗

來了解一下壁掛盆與幼苗的相關知識吧！

壁掛盆

花球壁盆

藉由壁盆的縫隙，可從側面往下伸展地種植幼苗，並將植栽打造成花球的姿態。為免泥土從中滲漏出來，放入泥土前要先貼上專屬的海綿。

椰纖壁掛盆

即使是一般的花盆，只要鑽個吊掛的孔洞或加裝方便吊掛的鐵絲網，就可以拿來吊掛。圖中在網籃中鋪上椰子纖維，泥土就不會滲漏出來。

幼苗

瘦身方法

 ▶  ▶  ▶

使用花球壁盆栽種時要特別將幼苗瘦身。為免傷到根部，要慢慢地剝除泥土，將泥土部分減到最少程度再種入。

壁掛
盆栽技巧

O2

幼苗的配置方式

思考一下種植壁掛盆栽時的幼苗配置吧！

上排具有覆蓋的作用

上排栽種當作蓋子用的植物。選擇能長得挺立，又不會長得太高的植物。

先想好配置

尤其是使用難以修正的花球壁盆時，更要事先確定好配置。

不要種得太深太密

若種得太深，位於植株根部的新芽就很難往外生長而枯萎。

下排種植往下垂的植物

為了隱藏花盆，下排要種往下垂的植物。

第一排	金毛菊・迷你日日春・忍冬・矮牽牛・錦紫蘇（綠色）
第二排	錦紫蘇・矮牽牛・金毛菊・錦紫蘇（黑色）
第三排	金毛菊・迷你日日春・錦紫蘇（綠色）・矮牽牛

第三排
第二排
第一排

HANGING TECHNIQUE

157

03 適合用於吊掛的植物

花朵容易成為亮點、葉子特別漂亮或會往下垂墜生長的植物
等，都是適合用於壁掛盆栽的植物！

三色堇

三色堇的花徑小，但因色彩豐
富，很適合作為壁掛盆栽的跳
色使用。

矮牽牛（卡布奇諾）

春天到秋天開花，形狀像牽牛
花。依花的大小與茂密程度不
同，有許多品種。

長毛銅釦菊

長得很長的花莖尖端，會開出
像菊花芯般的花。

白玉草

吊鐘般的白花與小型的斑葉，
與復古花器很相襯。

屈曲花

小白花聚在一起開成球狀。每
年都會開花的宿根草。

帚石楠

常綠低矮樹木，給人纖細的印
象。不會長得很高，可活用其
橫向伸展的特性，種在花盆的
兩端。

鼠尾草

花期長，不但具存在感，也方
便搭配其他的花，是很難得的
花種。

兔尾草

別名Bunnytail，和狗尾草屬
同類植物。其蓬鬆柔美的花
穗，在花盆中顯得特別可愛。

狼尾草

紫葉狼尾草的細長花穗，線條
分明，初秋時會長花穗。

圓扇八寶

垂墜生長的多肉性宿根草。葉
子可愛，秋天會變成紅葉，也
會開粉紅色的花。

黃花新月

圓胖的葉子會下垂似地伸展。
一到秋天就會染上紅色。

白佛甲草

別名姬竹笹，粉綠色的細葉極
具魅力。5至6月間會開黃色
小花。

04 花盆的裝飾法

雖然想要種植掛式盆栽，但還是有人會擔心不懂得裝飾方法
而放棄。以下就來看看達人們的例子！

加裝掛鉤後吊掛

木製柵欄上加裝能以螺絲固定的掛鉤，周圍的氣氛也因為掛鉤而改變。

只要有可敲釘子的地方或柱子，就可以將掛鉤釘在上面。也因為較牢固，可以承重較重的植栽。

若整個盆栽的重量輕，就可以掛在加裝黏貼式掛鉤的磁磚牆面上。

花點工夫 加裝掛鉤

好好地將掛鉤插入花盆裡的凹陷處。若像這花盆的情況，則兩側也要加裝掛鉤，以便強化。

加裝在花盆上的掛鉤無法鉤住，因此與另一種掛鉤組合後才吊掛。

木製柵欄上纏繞鐵絲，上面加裝掛鉤，掛上花盆的提把。

加裝棚架後 盆栽置於其上

很難固定懸吊的花盆，可加裝棚架，再將花盆排列擺放在上面。

利用壁掛盆，裡面先放入椰子纖維後再栽種，節省空間時最適用。

因房子最深處的空間無法直接將花盆吊掛在木製柵欄上，因此加裝花台，將花盆置於其中。

HANGING TECHNIQUE

回收再利用

擅長栽種組合與吊掛盆栽的達人們，常會將可用的材料再回收利用，
讓植栽的生命得以持續下去。

花草

盆栽更新時留下的花草，作好保養和維護，就會再度成為盆栽的
主角。因此平時的照料也很重要。

在換植花盆的土壤中，加入防根腐劑、防蟲
劑、有機肥料，充分混勻。

將殘留新芽的小型植株，浸泡發根劑約30分
鐘左右，再種入花盆。

泥土

雖然不能將所有的泥土直接拿來使用，但其中若有狀態好
的泥土就能再回收利用。

將換植後剩餘泥土裡的根和石子清除乾淨。

加入珪酸鹽白土後混勻，在好天氣時曝曬在陽
光下，若正值夏天，則曬1週左右。

封面・P.129至P.131作品製作／Toshiko Hamano・Mitsuko Takuma・Tomomi Horikoshi

| 自然綠生活 | 23

親手打造私宅小庭園

授　　　權／朝日新聞出版
譯　　　者／夏淑怡
發　行　人／詹慶和
總　編　輯／蔡麗玲
執行編輯／劉蕙寧
特約編輯／莊雅雯
編　　　輯／蔡毓玲・黃璟安・陳姿伶・李宛真
執行美編／周盈汝
美術編輯／陳麗娜・韓欣恬
內頁排版／周盈汝
出 版 者／噴泉文化館
發 行 者／悅智文化事業有限公司
郵政劃撥帳號／19452608
戶　　　名／悅智文化事業有限公司
地　　　址／新北市板橋區板新路 206 號 3 樓
電子信箱／elegant.books@msa.hinet.net
電　　　話／(02)8952-4078
傳　　　真／(02)8952-4084

2018 年 6 月初版一刷　定價 450 元

CHIISANA NIWA NO TSUKURIKATA
Copyright © 2016 Asahi Shimbun Publications Inc.
All rights reserved.
Original Japanese edition published by Asahi Shimbun Publications Inc.

This Traditional Chinese language edition is published by arrangement with
Asahi Shimbun Publications Inc., Tokyo in care of Tuttle-Mori Agency, Inc., Tokyo
through Keio Cultural Enterprise Co., Ltd., New Taipei City

經銷／易可數位行銷股份有限公司
地址／新北市新店區寶橋路 235 巷 6 弄 3 號 5 樓
電話／(02)8911-0825
傳真／(02)8911-0801

版權所有 ・ 翻印必究（未經同意，不得將本書之全部或部分內容使用刊載）
本書如有缺頁，請寄回本公司更換

國家圖書館出版品預行編目 (CIP) 資料

親手打造私宅小庭園 / 朝日新聞出版授權；夏淑怡
譯 .-- 初版 .— 新北市：噴泉文化館出版 , 2018.6
　面；　公分 .-- (自然綠生活；23)
ISBN978-986-96472-1-2 (平裝)

1. 庭園設計 2. 造園設計

435.72　　　　　　　　　　　　107008320

──────── 取材協助 ────────

風（Fuwari）（打造花草庭園・茶庭）
埼玉縣新座市野寺3-9-17
Tel.048-299-3487
http://www.87fuwari.com

熊澤安子建築設計室
東京都杉並區宮前3-17-10
Tel.03-3247-6017
http://www.yasukokumazawa.com

花草屋 苔丸
神奈川縣鎌倉市鎌倉山2-15-9
Tel.0467-31-5147
http://www.kokemaru.net

Green Cottage Garden
http://www.gcgarden.com

GARDEN SHED
（雜貨店&民宿）
山梨縣南都留郡山中湖村平野707-5
Tel.0555-65-9261
http://www.garden-shed.jp

有限會社仲田種苗園
Tel.0247-26-7880
http://www.eco-plants.net/

NPO法人 Green Works
三浦香澄

赤地みさる
高橋敦子
宅間美津子

──────── STAFF ────────

攝影　　　　　　　　c.h.lee (Owl Co.,Ltd.)
封面設計　　　　　　Yoshi-des.
書籍・版型設計　　　吉村亮・眞柄花穗・大橋千惠 (Yoshi-des.)
圖表・插畫　　　　　大澤うめ・はやしゆうこ
撰文　　　　　　　　岡田稔子
企畫編輯　　　　　　朝日新聞出版 生活・文化編輯部（森 香織）
內容構思・編輯協助　東村直美（やなか事務所）・岡田稔子

漫步四季之彩的花草綠庭

花木植栽×景觀設計×雜貨布置，打造獨一無二的園藝空間

綠庭美學01
木工&造景‧綠意的庭園DIY
授權：BOUTIQUE-SHA
定價：380元
21×26公分‧128頁‧彩色

綠庭美學02
自然風庭園設計BOOK
設計人必讀！
花木×雜貨演繹空間氛圍
授權：MUSASHI BOOKS
定價：450元
21×26公分‧120頁‧彩色

綠庭美學03
我的第一本花草園藝書
作者：黑田健太郎
定價：450元
21×26 cm‧136頁‧彩色

綠庭美學04
雜貨×植物の綠意角落設計BOOK
授權：MUSASHI BOOKS
定價：450元
21×26 cm‧120頁‧彩色

花草集01
最愛的花草日常
有花有草就幸福的365日
作者：增田由希子
定價：240元
14.8×14.8公分‧104頁‧彩色

以青翠迷人的綠意
妝點悠然居家

自然綠生活01
從陽台到餐桌的迷你菜園
授權：BOUTIQUE-SHA
定價：300元
23×26公分·104頁·彩色

自然綠生活02
懶人最愛的
多肉植物&仙人掌
作者：松山美紗
定價：320元
21×26cm·96頁·彩色

自然綠生活03
Deco Room with Plants
人氣園藝師打造的綠意&
野趣交織的創意生活空間
作者：川本諭
定價：450元
19×24cm·112頁·彩色

自然綠生活04
配色×盆器×多肉屬性
園藝職人的多肉植物組盆筆記
作者：黑田健太郎
定價：480元
19×26cm·160頁·彩色

自然綠生活 05
雜貨×花與綠的自然家生活
香草·多肉·草花·觀葉植
物的室內&庭園搭配布置訣竅
作者：成美堂出版編輯部
定價：450元
21×26cm·128頁·彩色

自然綠生活 06
陽台菜園聖經
有機栽培81種蔬果，
在家當個快樂的盆栽小農！
作者：木村正典
定價：480元
21×26cm·224頁·彩色

自然綠生活07
紐約森呼吸·
愛上綠意圍繞的創意空間
作者：川本諭
定價：450元
19×24公分·114頁·彩色

自然綠生活08
小陽台の果菜園&香草園
從種子到餐桌·食在好安心！
作者：藤田智
定價：380元
21×26公分·104頁·彩色

自然綠生活 09
懶人植物新寵
空氣鳳梨栽培圖鑑
作者：藤川史雄
定價：380元
17.4×21公分·128頁·彩色

自然綠生活 10
迷你水草造景×生態瓶的
入門實例書
作者：田畑哲生
定價：320元
21×26公分·80頁·彩色

自然綠生活11
可愛無極限·
桌上型多肉迷你花園
作者：Inter Plants Net
定價：380元
18×24公分·96頁·彩色

自然綠生活12
sol×sol的懶人花園·與多肉
植物一起共度的好時光
作者：松山美紗
定價：380元
21×26 cm·96頁·彩色

自然綠生活13
黑田園藝植栽密技大公開：
一盆就好可愛的多肉組盆
NOTE
作者：黑田健太郎、榮福綾子
定價：480元
19×26 cm·104頁·彩色

自然綠生活14
多肉×仙人掌迷你造景花園
作者：松山美紗
定價：380元
21×26 cm·104頁·彩色

自然綠生活15
初學者的多肉植物&仙人掌
日常好時光
授權：NHK出版
定價：350元
21×26 cm·112頁·彩色

自然綠生活16
美式個性風×多肉植栽空間設
計：人氣園藝師的生活綠藝
城市紀行
作者：川本諭
定價：450元
19×24 cm·112頁·彩色

自然綠生活17
在11F-2的小花園玩多肉的
365日
作者：Claire
定價：420元
19×24 cm·136頁·彩色

自然綠生活18
以綠意相伴的生活提案：
把綠色植物融入日常過愜
意生活
授權：主婦之友社
定價：380元
18.2 x 24.7 cm·104頁·彩色

自然綠生活19
初學者也OK的森林原野系
草花小植栽
作者：砂森
定價：380元
21×26 cm·80頁·彩色

自然綠生活20
從日照條件了解植物特性：
多年生草本植物栽培書
作者：小黑晃
定價：480元
21×26 cm·160頁·彩色

自然綠生活21
陽臺盆栽小菜園：自種·自
摘·自然食在
授權：NHK出版
定價：380元
21×26 cm·120頁·彩色

自然綠生活22
室內觀葉植物精選特集：理
想家居，就從植栽開始！
作者：TRANSHIP
定價：450元
19×26 cm·136頁·彩色

How to make a small garden